从快乐到希望

——青少年幸福感结构、发展特点和相关因素研究

王文　著

吉林大学出版社
·长春·

图书在版编目（CIP）数据

从快乐到希望：青少年幸福感结构、发展特点和相关因素研究 / 王文著.—长春：吉林大学出版社,2019.5

ISBN 978-7-5692-4749-7

Ⅰ.①从… Ⅱ.①王… Ⅲ.①幸福—青少年心理学—研究 Ⅳ.①B844.2

中国版本图书馆CIP数据核字(2019)第087979号

书　　名　从快乐到希望——青少年幸福感结构、发展特点和相关因素研究
　　　　　CONG KUAILE DAO XIWANG——QING-SHAONIAN XINGFUGAN JIEGOU、FAZHAN TEDIAN HE XIANGGUAN YINSU YANJIU

作　　者　王文 著
策划编辑　张鸿鹤
责任编辑　张鸿鹤
责任校对　陶冉
装帧设计　张娜
出版发行　吉林大学出版社
社　　址　长春市人民大街4059号
邮政编码　130021
发行电话　0431-89580028/29/21
网　　址　http://www.jlup.com.cn
电子邮箱　jdcbs@jlu.edu.cn
印　　刷　辽宁盛通印刷有限公司
开　　本　787mm×1092mm　1/16
印　　张　12.75
字　　数　110千字
版　　次　2019年5月　第1版
印　　次　2019年5月　第1次
书　　号　ISBN 978-7-5692-4749-7
定　　价　37.80元

前 言

幸福是描述个体最佳体验和功能的心理构念。幸福体验能够促进青少年快乐成长，快乐成长则有助于化解青春期面临的问题和矛盾，对青少年发展发挥举足轻重的作用。

目前青少年幸福感研究中普遍采用成人幸福感的理论模型，包括认知评价（生活满意度）和情感体验（积极情感和消极情感）。但是这种做法没有充分考虑到幸福感模型的发展性特征，对于不同年龄阶段的个体来说，他们的幸福感可能具有不同结构。与中老年人相比，年轻人追寻目标的水平与幸福感的关系更为密切，他们更渴望获得个人成长，这启示我们青少年幸福感可能更多受到指向未来心理构念的影响。本研究的创新之处和目的在于依据青少年幸福感具有指向未来的特点，重新构建青少年幸福感模型，并以此为基础探讨青少年幸福感的发展特点及其作用。

本书由4个研究组成，研究1以已有幸福感模型为基础，结合青少年幸福感指向未来的特点，将“当下”和“未来”两个时间维度纳入青少年幸福感模型，编制青少年幸福感量表；研究2考察了随着年龄增长，青少年幸福感各成分的发展变化趋势和性别特点；研究3以自我决定理论中的基本心理需要理论为基础，考察家庭环境中父母对子女基本心理需要的满足对青少年幸福感的影响；研究4以积极情绪的扩展建构理论为基础，考察青少年指向当下和指向未来的幸福感对其学业发展的影响。

本书通过一系列研究表明，成年人的幸福感模型并不完全适合描述青少年的幸福感结构，青少年幸福感由当下生活满意度、当下情感体验、未来期望满意度和未来情感体验4个成分组成，相对于当下的快乐和满足，朝向未来的乐观和希望对青少年有独特的意义，青少年幸福感领域的研究应对青少年幸福感中指向未来的成分给予进一步的重视。

目 录

第一章

幸福感综述

一、幸福感的结构模型

幸福是描述个体最佳体验和功能的心理构念。幸福体验能够促进青少年快乐成长，快乐成长则有助于化解青春期面临的问题和矛盾，对青少年发展发挥举足轻重的作用。

（一）青少年幸福感模型

目前青少年幸福感研究普遍采用成人幸福感的理论模型，认为幸福感由认知评价和情感体验组成，是衡量个人生活质量的综合性心理指标（图1-1）。认知评价表现为生活满意度，生活满意度是个体对生活总体质量的认知评价，即在总体上对个人生活做出满意判断的程度（Diener，1984），可划分为一般生活满意度（对个人生活质量的总体评价）和特殊生活满意度（对不同生活领域的具体评价，如学校满意度、家庭满意度等）。情感体验包括积极情感（愉快、轻松等）和消极情感（抑郁、紧张、焦虑等）。个体对整体生活的满意程度越高，体验到的积极情感越多，消极情感越少，个体的幸福感就越强。

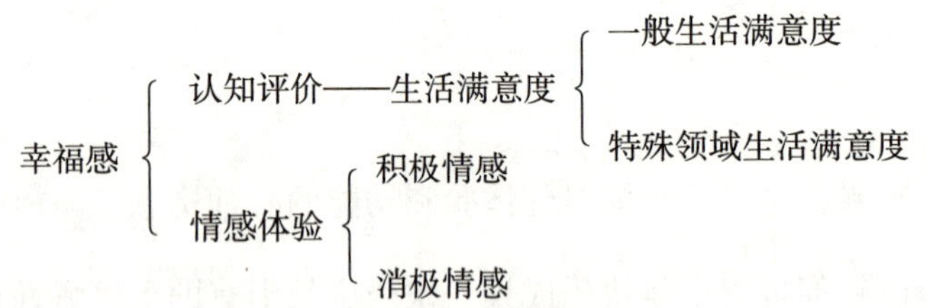

图1-1　青少年幸福感模型

1. 一般生活满意度的测量

一般生活满意度模型的理论假设是个体在进行生活满意度判断时，通常以自己对生活的总体感觉作为依据，例如：我生活得很好、我对现在的生活很满意，这些问题不涉及任何具体的生活领域，通过各题目得分相加的总分推断不同水平的生活满意度。

（1）Diener（1985）编制了生活满意度量表（Satisfaction with Life Scale，SWLS），该量表适用于不同年龄阶段的群体，采用7点评分，共有5个题目。例如：在大多数情况下我的生活接近我想要的生活；我的生活条件非常好；我对生活感到满意；迄今为止我已经得到我在生活中想要得到的最重要的东西；如果生活能够重新来过，我几乎什么都不想改变等。

（2）Adelman（1989）编制了感知生活满意度量表（Perceived Life Satisfaction Scale，PLSS），该量表适用于青少年，采用6点评分，包括19个题目，用于考查学生对其物质生活条件、身体、与朋友和家人的关系、家庭和学校环境、个人发展、娱乐活动等方面的满意度。例如：零花钱数量；对自己外表的满意度；与妈妈相处的方式；居住环境；学习新事物和提升技能的机会；看电视的时间等。

（3）Huebner（1991）在SWLS的基础上专门以学生为研究对象，编制了学生生活满意度量表（Student's Life Satisfaction Scale，SLSS），该量表适用于8~18岁个体，采用4点或6点评分，共有7个题目，反映了学生对其整体生活的满意程度。例如：我生活的很好；我想对生活做出很多改变；我希望拥有不同的生活；我拥有自己想要的生活；我的生活比其他同学更好一些等。

2. 特殊领域生活满意度的测量

特殊领域生活满意度模型的理论假设是个体的一般生活满意度，是由对其有重要意义的具体生活领域（物质、家庭、学校、朋友等）决定的。每个生活领域包括多个测量题目，这些题目的平均分代表了该领域的特殊生活满意度，将各领域的特殊生活满意度的得分简单或加权相加，即为一般生活满意度的得分。

（1）Huebner（1994）编制了多维度学生生活满意度量表（Multidimensional Student's Life Satisfaction Scale，MSLSS），该量表包括家庭、学校、朋友、自我、生活环境5个维度，适用于8~18岁个体，采用6点评分，40个题目，是目前青少年满意度研究领域中相对比较成熟的一个量表。田丽丽和刘旺（2005）对该量表进行了测量学指标检验。例如：我的家人相处很融洽；我在学校的收获很多；我有很多朋友；大多数人喜欢我；我喜欢现在居住的地方等。

（2）Seligson（2003）编制了简明多维学生生活满意

度量表（Brief Multidimensional Students' Life Satisfaction Scale，BMSLSS），该量表是以MSLSS为基础编制的简要版，与MSLSS维度结构相同。研究对象为6~8年级学生，采用7点评分，共5个题目，对不同领域进行满意度评定。例如：请你对自己的家庭生活、学校生活、友谊、自我、生活环境、总体生活的满意程度进行评定：非常不满意、不满意、不确定、满意、非常满意等。

（3）Cummins（1997）编制了综合生活质量量表——学校版（Comprehensive Quality of Life Scale—School Version，ComQol），该量表采用自我报告的方式评定个体的客观和主观生活质量。该量表包括物质幸福感、健康、生产力、亲密关系、安全感、社区、情绪幸福感7个维度，每个维度中有3个客观评定题目用以考察青少年参与各领域活动的频率，1个题目用以考察青少年在参与活动时的满意程度，1个重要性评定题目用以考察该领域对于青少年的重要性。该量表适用于11~18岁青少年，采用7点评分，共35个题目。例如：和同龄人相比，你拥有的衣服和玩具的数量？最多、高于平均水平、平均水平、低于平均水平、最少；过去3个月里，你看过几次医生？0、1~2、3~4、5~7、8或更多；你和亲密朋友聊天的频率：每天、每周几次、每周一次、每月一次、少于每月一次；你能投入自己想做事情的频率：一直可以、经常、偶尔、不经常、从不；对你来说健康（与亲人或朋友关系）的重要性：相当重要、很重要、重要、不太重要、不重要；你对自己健康（与亲人或朋友关系）的满意程度：很满意、满意、有点满意、不确定、不太满意、不满意、很不满意。

（4）张兴贵（2004）以MSLSS为基础，在中国文化背景下以初二、高二和大学生为研究对象编制了青少年学生生活满意度（CASLSS）。他将生活满意度划分为自我满意和环境满意2个层次，包括对友谊、家庭、学业、自由、学校和环境的满意度6个维度。问卷采用7点评分，共36个题目。例如：我的朋友都很尊重我；我喜欢和我的父母在一起；我在学业上取得了理想的成就；基本上没有人强迫我做自己不喜欢做的事；我喜欢去学校；我生活的地方社会治安好等。

3. 情感体验的测量

用以描述情感体验的词语数量众多，研究发现积极和消极的二维结构可以较好地解释这些情感体验。

（1）Bradburn（1969）编制了情感量表（Affect Scales:

Positive Affect，Negative Affect，Affect Balance），主要用于测量一般人的积极情感、消极情感以及二者间的平衡。该量表包括10个题目，其中积极情感和消极情感题目数各半，要求被试根据自己过去几周的感受对句子描述进行“是”或“否”的回答。描述积极情感的题目：因为成功地做完某件事而感到高兴；觉得事事顺心；因为做事受到别人赞扬而感到自豪；对某些事感到特别热衷或兴奋；感到快乐。描述消极情感的题目：感到沮丧；感到非常孤独或者与别人距离很远；由于别人的批评而感到不安；觉得坐立不安；觉得莫名其妙地烦躁。

（2）Watson（1988）在以往研究的基础上发展了简式积极情感和消极情感量表（Positive Affect and Negative Affect Scale，PANAS），该量表共包括20个题目，被试根据自己在某一阶段（现在、今天、上周、过去几周、今年、总体）的感受对下面描述情感的词语进行5等级评定。其中积极情感包括：感兴趣、兴奋、坚强、热衷、自豪、激动、专心、活跃、坚决、警觉；消极情感包括：苦恼、不快、内疚、恐惧、敌意、易怒、惭愧、紧张、焦虑、害怕。

（3）Laurent（1999）等人以PANAS为基础，编制了

适合4-8年级学生的积极情感和消极情感——儿童版（PANAS—C）。该量表共包括27个题目，其中积极情感12个，消极情感15个，被试根据自己在“过去两周”或“过去几周”里出现以下情感体验的频率进行5等级评定。例如：平静、兴奋、感兴趣、有活力、孤单、忧郁、厌恶等。

（二）当前青少年幸福感模型的局限

当前青少年幸福感研究中普遍采用成人幸福感的理论模型，即认为幸福由认知评价（生活满意度）和情感体验（积极和消极情感）组成。在中文核心期刊以青少年幸福感为主题的实证研究中，多选取《青少年学生生活满意度量表》（张兴贵，2004）、《生活满意度量表》（Diener，1985）、《学生生活满意度量表》（Huebner，1991）、《高中学生主观幸福感量表》（陈作松，2007）、《总体幸福感量表》（Fazio，1977）和《情感平衡量表》（Bradburn，1969）作为测量工具，占研究总数的83%。虽然研究者根据学生年龄特点将问卷题目更换为青少年的生活事件，但其背后的理论模型仍源自成年人幸福感模型，没有充分考虑到幸福感模型的发展性特征，存在一定的局限性。对于不同年龄阶段的个体来说，他们的幸福感可能具有不同结构。

社会情绪选择理论提示我们青少年幸福感和成年人幸福感可能有所不同。该理论提出处于不同年龄阶段个体对未来时间的感知和认识不同，这些差异会影响其社会目标选择，进而影响其幸福体验。年轻人知觉到未来时间较为充裕，他们优先选择知识获得目标，这类目标与知识追寻有关，用于学习社会和物理世界的获得性行为，具有未来导向的特点。老年人则相反，他们感到未来的时间非常有限，偏向选择情绪管理导向的社会目标，通过与他人交往来实现情绪状态的优化，包括获得亲密的情感以及体验情感上的满足感，具有现时导向的特点（Carstensen，1987，1991，1992；Carstensen，Isaacowitz，& Charles，1999；敖玲敏，吕厚超，黄希庭，2011；刘晓燕，陈国鹏，2011）。

Ebner，Freund 和 Baltes（2006）[①]在关于不同年龄阶段成年人的目标取向特点的研究中验证了这一理论模型。

① Ebner, N. C., Freund, A., M., & Baltes, P. B.（2006）. Developmental changes in personal goal orientation from young to late adulthood: From striving for gains to maintenance and prevention of losses. Psychology and Aging, 21（4），664-678.

该研究选取了年轻人（18~26岁）、中年人（40~59岁）和老年人（65~84岁）作为被试，他们在主试的指导下列出6项个人目标，并对这些目标的成长（这个目标有助于提升自我或有所突破）、维持现状（这个目标能够使我维持现状）和预防损失（这个目标有助于我避免损失）三种取向进行8等级评定。研究结果发现不同年龄阶段个体的目标取向特点不同，年轻人持有的成长取向目标多于以维持和预防损失为目的的目标，并且成长取向目标显著多于老年人；中年人的维持和预防损失取向的目标数量增多，介于年轻人和老年人之间，但仍持有较高水平的成长取向目标；但对于老年人来说，他们所持有的成长取向目标显著少于年轻人和中年人，维持现状和预防损失取向的目标显著多于年轻人，他们持有的三种取向目标的水平相近。不同年龄个体的目标取向与其幸福感关系的结果发现，年轻人的幸福感与预防损失的目标取向呈负相关，老年人持有的维持现状的目标取向与其幸福感有显著正相关。以上结果表明年轻人、中年人和老年人的目标具有不同特点，维持现状的目标能够促进老年人的幸福感，但预防损失的目标则会对年轻人的幸福感产生不利影响。

Bronk，Hill，Lapsley，Talib和Finch（2009）[1]对比了处于青春期（平均年龄14岁）、成年早期（平均年龄21岁）以及成年期（平均年龄35.5岁）3个年龄阶段个体所持有的目标特点与其幸福感的关系。

研究者采用由斯坦福青少年中心设计的青少年目标调查量表修订版（Bundick，Andrews，Jones，Mariano，Bronk，& Damon，2006）测量被试的目标特点，该问卷包括认同目标（15个题目，例：我已经拥有令我满意的生活目标）和找寻目标（5个题目，例：我正在寻找自己生活的目标）两个分量表，采用7等级评定，得分越高表示对目标更高水平的认同或找寻。研究结果发现，对于青少年和成年初期的个体来说，找寻目标得分越高，其幸福感水平越高；而对于中年人来说，找寻目标水平越高，他们的幸福感水平越低。这是源于多数中年人应该已经确立了令自己满意的人生目标，进入“认同目标”阶段。

Ryff（1989）编制了心理幸福感量表，该量表包括生活目标、个人成长、积极的人际关系、自主性、环境掌控

① Bronk, K. C., Hill, P. L., Lapsley, D. K., Talib, T. L., & Finch, H.（2009）. Purpose, hope, and life satisfaction in three age group. The Journal of Positive Psychology, 4（6）, 500-510.

和自我接纳6个维度。该研究选取了年轻人（平均年龄19.5岁）、中年人（平均年龄49.8岁）和老年人（平均年龄75岁）作为研究对象，考察了不同年龄阶段个体幸福感成分的年龄差异。结果发现不同年龄的个体在幸福感各维度上的得分差异显著，年轻人和中年人在个人成长上的得分显著高于老年人；中年人和老年人在环境掌控上的得分显著高于年轻人；中年人在自主性方面的得分显著高于年轻人，在生活目标上的得分显著高于老年人；自我接纳和积极人际关系方面不存在显著的年龄差异。许淑莲（2003）[①]等人在中国被试中也发现年轻人在生活目标和个人成长维度上的得分显著高于老年人。以上结果表明年轻人和中年人比老年人拥有更多的生活目标和个人成长，这些维度具有指向未来的含义，由此推测不同年龄阶段的幸福感模型可能有所区别，对目标的期望和追求是年轻人幸福体验的重要来源。

关于青少年幸福感的实证研究也发现具有指向未来含义的心理构念对青少年幸福感有显著的预测作用。2010年的盖洛普学生调查中包括24万名5~12年级学生，结果

① 许淑莲，吴志平，吴振云，孙长华，张瑶.（2003）. 成年人心理幸福感的年龄差异研究. 中国心理卫生杂志，17（3），167–171.

发现希望与幸福感等表示繁荣发展的指标显著相关；Valle，Huebner和Suldo（2004）[①]以10~19岁儿童青少年为研究对象，也发现希望对生活满意度的预测作用；Magaletta （1999）[②]考察了希望、自我效能、乐观和总体幸福感间的关系，结果发现希望对总体幸福感的可预测性；King（2006）[③]发现体验到意义和目标能够提升积极情绪水平。

已有理论和实证研究启示我们，青少年的幸福感具有指向未来的特点，应将未来这一时间维度纳入青少年幸福感的模型结构。为了更好地探索青少年幸福感中指向未来的成分，下面对已有的具有指向未来含义的幸福感模型和其他相关的心理构念加以介绍和分析，期望对青少年幸福感模型的构建获得启示。

① Valle, M. F., Huebner, E. S., & Suldo, S. M.（2006）. An analysis of hope as a psychological strength. Journal of School Psychology, 44（5）, 393–406.

② Magaletta, P.R., & Oliver, J.M. （1999） The hope construct, will, and ways: Their relations with self–efficacy, optimism, and general well–being. Journal of Clinical Psychology, 55 （5）, 539–551.

③ King, L. A., Hicks, J. A., Krull, J. L., & Del Gaiso, A. K.（2006）. Positive affect and the experience of meaning in life. Journal of personality and social psychology, 90（1）, 179–196.

（三）具有指向未来含义的幸福感模型及其启示

已有的幸福感模型中，心理幸福感、PERMA、汉堡模型体现了幸福感指向未来的特点。

1. Ryff心理幸福感

Ryff从实现论视角探索幸福感。她认为幸福不等同于快乐，主观幸福感对情感存在过度关注，对情感的评估并不能明确回答主观幸福感的定义，幸福感应该定义为“通过努力展现出真实的、完美的潜力”。

Ryff等人（1989）①以多个心理学理论（Erikson的心理社会阶段理论、Buhler的基本生活趋势理论、Neugarten的人格改变理论、Maslow的自我实现概念、Allport对成熟的界定、Rogers对健全人的描述、Jung对个性化的说明）为基础，以个体具有的积极心理功能的视角出发，总结归纳了其中共有的6种成分作为心理幸福感的指标，提出了心理幸福感模型。心理幸福感的维度分别是：自我接纳、个人成长、生活目标、积极的人际关系、环境掌控、自主

① Ryff, C.D.（1989）. Happiness is everything, or is it? Explorations on the meaning of psychological well-being. Journal of Personality and Social Psychology, 57（6）, 1069-1081.

性。该测量模型包括3个版本，分别包含84个、54个和18个题目，在每个维度上分别包含14个、9个和3个题目，采用6点评分。各个维度所反映的心理特征如下：

（1）自我接纳（self-acceptance）：高分者表现为对自我持有肯定的态度；承认和容忍自己在多方面的优缺点；对过去生活持有肯定的态度。低分者表现为对自己不满意；对过去的生活感到失望；对自身的一些缺点和不足感到烦恼；希望可以完全改变自己。例如：我对自己的性格大致感到满意；每当我回顾自己的过去时，我对那些经历和结果都感到满意；当我把自己和朋友、熟人相比时，我的自我感觉良好；到目前为止，我在很多方面都对自己的成就感到失望；我醒来经常对自己的生活感到失望。

（2）个人成长（personal growth）：高分者表现为具有不断发展的意识；认为自我处于不断成长和提高的过程中；喜欢尝试新鲜事物；希望完成自我潜能的实现；随时间推移能够看到自身出现的进步；希望自身在知识方面有更多的积累。低分者表现为感到自身处于停滞状态；不能看到自身随时间推移而出现的进步；感到生活无聊和无趣；认为自身在心理和行为方面不能有新的发展。例如：我对那些能扩展自己眼界的活动不感兴趣；总的来说，随着时间的流逝，我不断地加深对自己的认识；我认为获得新经验是十分重要的，这些经验可以挑战我们对自己和对世界的既定看法；我认为现在的生活方式很好，不需要再做新的尝试；我不喜欢那些需要我改变以往处事方式的新环境。

（3）生活目标（purpose in life）：高分者表现为具有生活目标和方向感；能够体验到以往和当下生活的意义；对人生持有信念。低分者表现为无法理解生活的意义；做事缺乏目标和方向感。例如：我对人生有方向感和目标感；我喜欢为将来定下计划并努力去实践；我能积极主动地完成自己制定的计划；我不太清楚自己的人生目标是什么；我得过且过，从未真正的思考过未来。

（4）积极的人际关系（positive relations with others）：高分者表现为人际关系融洽；关心他人的利益；拥有坦诚相待、亲密无间的朋友关系；能够相互理解、相互谅解谦让。低分者表现为缺乏亲密、真诚的人际关系；与他人相处时很难做到开诚布公轻松自如；在人际交往中体验到孤独、挫败感、不愿意为维持和他人的重要联系而做出谦让。例如：我很喜欢与家人或朋友做深入的沟通，彼此了解；我和我的朋友都认为我们之间是可以互相信任的；我和朋友都能够互相体谅对方的难处；我常常感到寂寞，因为我有很少亲朋好友能与我分忧；很少有人愿意听我倾诉心事。

（5）环境掌控（environmental mastery）：高分者表现为具有驾驭环境的意识和能力；能够控制复杂的环境和外部活动；能够有效地利用环境所提供的各种机遇；能够选择和创造与自身价值和需要相匹配的环境条件。低分者表现为缺乏驾驭外部环境的意识和能力；在处理日常事务上较为吃力；无法抓住环境提供的机遇；无力改变不良环境。例如：我认为我能够把握自己的生活；我善于灵活安排时间，以便完成所有工作；虽然我每天都很忙碌，但能够处理好每一件事使我感到满意；我因未能应付每天必须做的事情而感到很大的压力；我难以用一种令我满意的方式来安排生活。

（6）自主性（autonomy）：高分者表现为独立，善于自我决定；在思考和行为过程中能够克服某些社会压力；能够调整自己的行为；能够依据自己的标准对自我加以判断。低分者表现为易受社会期望和权威人物影响；屈从于社会压力或他人的标准去思考和行为；从一定程度上看在做决定时需要依赖他人。例如：即使与多数人的意见分歧，我也不怕发表自己的意见；我的决定很少受他人影响；我不按别人的标准，而是按自己认为重要的标准来衡量自己；我比较在意别人对我的看法；我很容易被那些很有主见的人影响。

2. PERMA模型

Seligman [①]认为幸福并非是一种真实的存在，而是构建的概念。它由5种可测量的具有真实性的元素组成，每个元素都能促进却不能单独定义幸福。它们分别是积极情绪（positive emotion）、投入（engagement）、意义（meaning）、成就（accomplishment）、人际关系（relationship），即PERMA。

（1）积极情绪（positive emotion）

积极情绪是幸福的重要组成部分，主要包括快乐、感恩、平静、希望、自豪、乐趣、爱等。积极情绪不仅是幸福感的产物，也能够产生更多的幸福体验。感到积极的个体能开心的回顾过去，满怀希望的展望未来，充满激情的享受当下。积极情绪发挥的作用远远超越脸上的微笑，积极的情绪体验促使我们对未来抱有乐观和希望，在工作和学习中表现得更好，有助于身体健康，建立良好的人际关

① ［美］Seligman, M. E. P.（2012）. 持续的幸福. 赵昱鲲（译）. 杭州：浙江人民出版社.

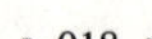

系，也利于创造性的发挥。良好的情绪还具有蔓延作用，使更多的人受到快乐的感染。

（2）投入（engagement）

投入是一个只能依靠主观评估的元素。无所事事让人感到无聊，具有吸引力的工作或生活则会让人感到投入。我们在投入时易产生一种充满喜悦、彻底地被当下的一切所吸引的状态。你可能在跑步、听音乐、绘画、跳舞或工作时有过这样的体验，在这样的活动中最容易实现自己独特的潜能。但处于沉浸状态的自我是没有思想和感情的，只能通过回顾来反应对投入的主观感受。

（3）人际关系（relationship）

人类是社会的动物，需要爱，也需要与他人心灵和情绪的沟通。我们可以通过建构家庭、朋友、邻居、同事的关系网络来提升幸福感。当你遇到困难时，如果你愿意把它说出来，问题就已经解决一半甚至更多。当你与他人分享幸福体验后，幸福会加倍放大，更多的人受到积极情绪的感染。当你与自己所爱的人分享喜悦时，自身也会感受到更多的快乐。

（4）意义（meaning）

意义具有主观成分，是指归属于和致力于某种你认为能够超越自我的东西。研究发现，归属于某一组织并追求共同目标的人更幸福；当我们从事与自身价值观和信念相一致的工作时会觉得更幸福；当我们认可自己日复一日的工作价值时，我们会体验到幸福。

（5）成就（accomplishment）

成就代表了个体对环境的掌控能力，它不能带来任何的积极情绪、意义和关系，拥有成就并不代表拥有幸福。我们可以追求成就，但胜利不代表一切，享受追求目标的过程远比成功更重要。憧憬未来时，成就帮助我们构建了希望；回顾过去时，成就使我们更加自信乐观地面对未来。当你取得满意的成就时，你更可能与他人分享成功的方法，更可能激励自己和同事，进而在工作中有更好的表现。

Kern等人（2015）以Seligman提出的PERMA幸福感模型为基础，编制了PERMA幸福感量表（The PERMA Profiler）、工作环境中的幸福感量表（The Workplace PERMA Profiler）和适合青少年的EPOCH幸福感量表（Engagement，Perseverance，Optimism，Connectedness，Happiness）。EPOCH幸福感量表包括投入、坚持、乐观、积极的人际关系和幸福5个维度，共有20个题目，被试对句子描述与自己的相符程度进行5等级评定。例如：我经常全神贯注地投入到正在做的事情中；我会坚持完成已经计划好的事情；我相信困难都是暂时的；当我遇到困难时，我的朋友主动帮助我；我热爱生活等。

3. 汉堡模型

Ben-Shahar[①]将幸福定义为快乐与意义的结合。快乐指向当下的利益，是现在的美好时光；意义来自目的，指向未来的利益。Ben-Shahar以此为基础提出了“幸福模型”，或者称为“汉堡模型”，四种汉堡代表四种不同的人生态度和行为模式。

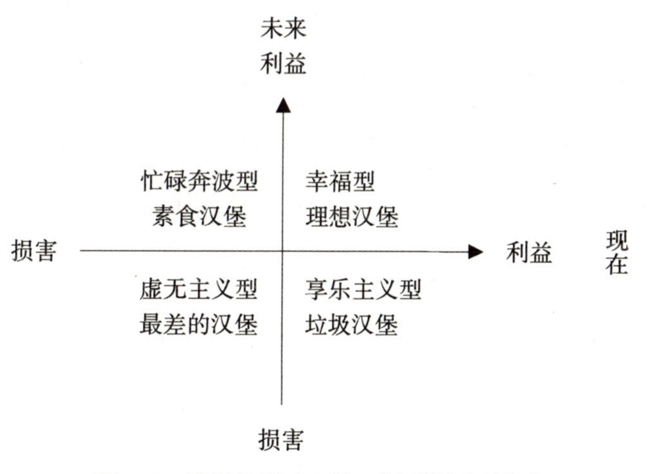

图1-2　汉堡模型（来源：《幸福的方法》）

---

① ［美］Ben-Shahar, T.（2013）. 幸福的方法. 汪冰，刘骏杰，倪子君（译）. 北京：中信出版社.

（1）“素食汉堡”——忙碌奔波型

这类汉堡里只有健康的蔬菜，虽然吃的过程很痛苦，但有益于未来的健康。我们将与此类“汉堡模型”相对应的人称为忙碌奔波型。他们不断追求目标，认为实现目标就会带来幸福。当目标实现后，新的目标会出现并取代原有目标，随之而来的压力和挑战使得幸福转瞬即逝。因为他们忽视了过程的重要性，不懂得如何享受自己的工作。每一次目标的实现带给他的只是短暂的快乐，随之而来的则是更多的压力而非幸福。

（2）“最差汉堡”——虚无主义型

这类汉堡既不好吃也不健康，不但吃起来口味差，还会影响身体健康。我们将与此类“汉堡模型”相对应的人称为虚无主义型。他们放弃了追寻生活意义的希望，既不享受当下拥有的一切，对未来也不抱有任何期望。

（3）“垃圾汉堡”——享乐主义型

这类汉堡是口味诱人，但不利于健康的“垃圾食品”，吃掉它能够享受一时之快，却牺牲了未来的健康。我们将与此类“汉堡模型”相对应的人称为享乐主义型。他们认为过程是最重要的，不断满足欲望的生活是充实的。因此总是寻找快乐，逃避痛苦，盲目的满足欲望而不顾虑可能产生的消极后果。这样的生活虽然简单又充满乐趣，但未来目标的缺失阻碍了对幸福的体验。

（4）理想汉堡——幸福型

这类汉堡既好吃又有益于健康。我们将与此类“汉堡模型”相对应的人称为幸福型。他们能够平衡当下的快乐和未来的意义，不仅享受当下的乐趣，也愿意快乐并努力追寻有意义的目标。幸福不是拼命爬到山顶，也不是在山下漫无目的的游逛，幸福是向山顶攀登过程中的种种经历和感受。

除此之外，一些具有指向未来含义的心理构念也有利于青少年幸福感模型的构建。

（四）其他指向未来的心理构念及其启示

1. 未来取向

Nurmi（1991）提出未来取向是一个由复杂、多阶段组成的过程，是个体对未来的思考和计划，以促使青少年为可能在未来经历的事件做好相应准备，适应新角色、解决新问题或适应新环境等。

（1）未来取向的结构

①要素观

Trommsdorff（1983）认为未来取向是一个多维度的心

理结构。Helaire（2006）提出未来取向包括6个维度：a. 具体性（detail），指个体对未来生活中期望发生的积极事件或预期产生的消极事件数量的估计；b. 广度（extension），指个体能把自己的未来拓展到多远；c. 突出性（salience），指个体思考未来的频率和程度；d. 计划性（planning），指个体为实现目标而做出的计划；e. 乐观性（optimism），指个体对积极事件发生的期盼程度，是情感的基调；f. 控制信念（control beliefs），指个体对自己在未来发展结果中是否具有决定作用的信念。

刘霞（2011）提出了关于青少年未来取向的理论构想，她认为未来取向包括未来认知、未来情感和未来意志行动。（1）未来认知，指个体对未来的思考、认识和专注，是未来取向的前提条件，只有思考未来，对未来形成特定的认识才能促使个体形成对未来的偏好；（2）未来情感是指个体对自己的未来所持有的一种主观情绪体验。思虑性是指个体对未来的焦虑、恐惧和担忧；（3）未来意志行动是指个体为实现目标而做出的意志努力。

②过程观

Nurmi（1987，1991）提出未来取向发展是一个多维度多阶段的过程，包括动机、计划、评价3个过程。青少年的动机、价值观与环境因素相互作用，影响他们制定自身毕生发展的目标；目标、有关背景信息和知识会影响青少年实现目标的计划；青少年会不断对目标实现情况进行评价，其结果会影响自我概念，自我概念又会进一步影响目标的建构。

③动机——认知——行为观

在Nurmi关于未来取向过程观的影响下，Seginer（2000）提出了未来取向的动机——认知——行为观。她认为未来取向包括动机、认知表征、行为3个变量。首先，动机作为人类行为的基础，反映了个体对未来的愿望、兴趣和需要；其次，动机诱导个体形成关于未来的认知表征；最后，动机促使个体通过探索和投入行为去实现那些关于未来的认知表征。

（2）未来取向的测量

①未来取向问卷

未来取向的过程论认为个体首先通过个人动机、价值观、对未来的期望、自身技能及可利用的资源来确定目标，进而决定如何实现目标，最后去评价实现目标的可能性。Nurmi（1990）以此为基础，编制了未来取向问卷（Future-orientation Questionnaire）。该量表包括3个组成部分：a. 研究者让被试尽可能多的写出自己的目标、愿望、担忧的事情，同时也写出这些目标愿望或担忧的事情实现的时间，用于考察个体未来取向发展的动机过程。b. 通过对被试在教育、职业、家庭这3个重要领域的探索和投入水平，考察个体对实现未来目标的可能性。这部分共有20个题目，采用5点记分，其中未来受教育和职业领域各有7个题目，未来婚姻和家庭领域有6个题目，用来测量对未来的探索和投入。例如：你经常思考或计划今后要接受的教育吗？你有多大决心去实现自己对未来的职业计划？c. 采用对目标或愿望实现的内外归因和情感体验作为评价过程的测量指标。请被试对能力、努力、他人因素、社会压力、运气在实现目标中发挥的作用进行5等级评定。同时呈现5对积极和消极的具有相反情感含义的词汇，如心灰意冷——满怀激情，让被试根据自己的情感体验进行1~7等级评定。

张玲玲（2006）对该量表进行了心理测量学分析，结果证明该量表具有良好的信效度，适用于中国青少年群体。

②时间观量表中的未来分量表

个体在日常生活中会存在一些行为倾向，这种行为倾向与过去、现在、未来这几种时间框架结合时会形成认知时间偏差。Zimbardo等人（1999）基于对认知时间偏差的分析，编制了时间观表（Zimbardo Time Perspective Inventory，ZTPI），该量表包括过去消极，过去积极、当下宿命、当下享乐、未来积极5个维度，采用5点评分，共56个题目。例如：我认为每个人都应该在早晨计划好一天的事情；当我想完成一些事情时，我会设定目标并为实现目标赋予具体的含义；我会通过制定步骤而准时完成任务。

Worrell 和Mello（2007）在对Zimbardo 的时间观量表进行信效度检验时发现该量表还应包括对未来消极情感的因素。在测量未来态度的题目中也存在结构的混淆，题目中包括了计划性、宿命论、快乐论等内容。Worrell编制了青少年时间观量表（Adolescent Time Inventory，ATI），用来测量青少年对过去、现在和未来的认识和感受。该量表包括时间意义、时间频率、时间取向、时间关系和时间态度分量表。时间态度分量包括对过去、当下、未来的积极和消极态度，采用5点评分，共30个题目。例如：我期盼未来；一想到未来我会很开心；我不愿意去想未来；对于很多事情来说，事先考虑是毫无意义的。

③未来结果考虑量表

Strathman（1994）等人编制了未来结果考虑量表（Consideration of future consequences scale），用来测量个体当下行为时对未来结果考虑的程度。该量表反映了个体对当下结果和未来结果的偏好，采用5点评定，共12个题目。Petrocelli（2003）对该量表进行了简化，将原有的12个题项简化为8个题项。例如：我愿意为了获得将来的成就而牺牲现在的幸福和快乐；我考虑事情未来的样子，并试图通过自己日常的行为来影响那些事情；我的行为仅仅受到自己行为即时结果的影响；我的日常工作有具体的结果，因此它比那些较远结果的行为更重要。

2. 希望

Snyder（1991，2002）提出希望是一种积极的动机性状态，这种状态以追求成功的路径（指向目标的计划）和动力（指向目标的活力）交互作用为基础，包括目标、路径思维和动力思维3个主要成分。

（1）希望的结构

希望由目标、路径思维和动力思维组成。目标是希望理论的核心概念，会促进行为产生；路径思维是希望的认知成分，是达成目标的具体计划和方法，希望水平高的个体更易形成具体可行的路线，也更善于形成备选路线。动力思维是希望的动机成分，是执行路线的动力，能够推动个体产生目标并沿着设计的路径不断前进。当人们追求目标的过程中遇到困难或感到压力时，希望水平高的人将挫折看作成长的契机，并有足够的毅力战胜挫折，希望水平低的人在面对困难时唯唯诺诺，止步不前。情绪情感成分是个体对目标认知的附属产物，对行为起反馈与调节作用。

（2）希望的测量

①儿童希望量表

Snyder（1997）编制了儿童希望量表（Children's Hope Scale，CHS），用来评定8~16 岁儿童的希望水平。该量表采用6点评分，共有6个题目，奇数项测量动力思维，偶数项测量路径思维。国内赵必华和孙彦（2011）修订了此量表。例如：我认为我做得不错；我能够想出很多方式来应对生活中对我来说非常重要的事情；我和同龄的孩子们做的一样棒；当我遇到困境，我可以通过很多种方式来解决；我认为过去做过的事情将对我的未来有帮助；就算别人想要放弃，我也知道自己可以找到解决问题的办法。

②特质希望量表

Snyder（1991）以成人为研究对象编制了特质希望量表（Dispositional Hope Scale，DHS），该量表共有12个项目，其中4个项目测量路径思维，4个项目测量动力思维，4个项目是干扰项。被试根据句子描述，评估项目内容与自身情况的符合程度进行8点评定。陈灿锐、申荷永和李淅琮（2009）曾对这一工具进行了修订。例如：我能想出很多方法走出困境；我热切追求自己的目标；我经常觉得疲倦；任何问题都有很多解决方法；在争论中我很容易输；我能想出很多方法去获得生命中对我重要的东西；我担心自己的健康；即使别人都已失望，我仍相信自己会找到解决问题的方法；我过去的经历有助于我面对未来；我的人生很成功；我常发现自己忧虑着某事；我能达到自己定下的目标。

③状态希望量表

Snyder（1996）等人编制了状态希望量表（State Hope Scale，SHS），该量表包括3个动力思维项目和3个路径思维项目，要求被试对他们“当下”的感受做6点评定。该量表是评价可变状态的工具，长时间间隔的重测信度较低。例如：我正在热切追求自己的目标；我现在很成功；我能想出很多办法去实现当下的目标；此时此刻，我正在实现自己设定的目标。

④中小学生希望量表

张冲（2001）认为Snyder是从希望实现的角度建构希望理论，忽视了希望的产生，即个体对未来目标的整体评价和看法。修订后的中小学生希望量表包括未来信念（对未来美好状态或美好事物的积极预期，是人们对未来生活充满无限“可能性”的感觉）、动力信念（启动个体行动，支持个体朝向目标，持续沿着既定路径迈进的动机和信念系统）和方法信念（一系列有效达到个人所渴望目标的方法和策略）3个维度，采用5点评定，共13个题目。例如：我经常想我未来会做什么；我坚信只要我努力，终有一天会成功；即使当别人都无计可施时，我也能找到解决问题的办法和途径。

3. 乐观

乐观是一个与未来定向密切相关的概念，不同研究者对乐观做出了不同的界定。Wenglert（1982）以期望——价值模型为基础，认为乐观和悲观是个体对未来可能发生在生活社会等领域的积极或消极事件的主观评定。Scheier和Carver（1986）提出了气质性乐观（Dispositional Optimism）的概念，他们认为乐观是对未来积极结果的总体期望，是一种稳定的人格特质。Seligman以归因研究理论为基础，认为乐观是个体在对事情的成败归因时表现出的具有稳定倾向的解释风格。乐观解释风格倾向于把坏事件归因于外部、不稳定、具体的原因，将好事件归因于内部、稳定、普遍的原因；悲观解释风格倾向于把好事件归因于外部、不稳定、具体的原因，将坏事件归因于内部、不稳定、普遍的原因等。

（1）乐观的结构

①单因素模型结构

Scheier等人（1985）认为乐观是单维结构，两级分别是乐观和悲观。他们以此为基础编制了生活定向测验，乐观的人相信好事情比坏事情更有可能发生。

②两因素模型结构

Marshall、Wortman、Kusulas、Jeffrey、Hervig、Vickers和Ross（1992）以及Fred和Jamie（2004）均认可气质性乐观的概念。研究显示气质性乐观由积极的乐观特质和消极的悲观特质两个因素组成，即个体同时具有乐观水平和悲观水平。

③三因素模型结构

Schweizer（1997，2001）等人认为以往测量的乐观是个人乐观，没有涵盖对所有领域的结果期望。他们根据乐观与个体的关系将其划分为个人乐观、社会乐观和自我效能乐观。个人乐观是对与个体有直接关系的好结果的预期；社会乐观是个体对社会、生态领域，及与个体没有直接关系的好结果的预期，例如环境污染、违法犯罪等；自我效能乐观是对自身行为好结果的期望，是个体乐观的一部分。

（2）乐观的测量

①生活取向测验

Scheier（1985）等人依据气质性乐观的单维结构，编制了生活取向测验（The Life Orientation Test，LOT），用来评定个体对好结果的期望。生活取向测验共有8个题目，其中4个题目正向描述测量乐观主义，4个题目负向描述测量悲观主义，被试根据自己的实际情况，对句子描述与自己的相符程度进行4等级评定。Scheier（1994）修订了生活取向测验（Life Orientation Test—Revised，LOT—R），共有6个题目，包括3个正向描述和3个负向描述，采用5等级评定。例如：我对自己的未来很乐观；

总体上说，我更期望好的事情发生在我身上；我很少希望幸运的事发生在我身上。

一些研究者对乐观单维结构提出质疑，认为乐观和悲观是相互独立的。Chang（1994）在生活取向测验修订版的基础上，编制了生活取向测验扩展版（Extended Life Orientation Test，ELOT）。该量表包括乐观和悲观两个维度，共有14个题目。

②个人和社会乐观评定问卷——扩展版

基于乐观的多维结构模型，Schweizer认为应在更广泛的社会背景下来考虑乐观，将其划分为个人乐观、社会乐观和自我效能乐观。Schweizer（2001）以此为基础编制了个人和社会乐观评定问卷（Questionnaire for the Assessment of Personal Optimism and Social Optimism—Extended）。该问卷包括3个分量表，分别是生活取向测验修订版（8题）、社会乐观主义量表（26题）和自我效能感乐观量表（10题）。

③归因风格问卷和言语解释的内容分析

Seligman（1998）以归因理论为基础，选择归因风格问卷（The Attributional Style Questionnaire，ASQ）和言语解释内容分析（The Content Analysis of Verbal Explanations，CAVE）来测量乐观。在归因风格测量中，研究者给被试呈现一系列假设事件，其中包括积极或消极的结果，并请被试回答如果同样的事情发生在自己身上，产生每种结果的主要原因是什么，并对这些原因做3等级评定。这些原因包括内部或外部、稳定或暂时、普遍或独特，将评价等级相加可得出乐观和悲观解释风格的得分。在言语解释内容分析测量中，研究者从资料中选取一些典型的积极或消极事件，请被试从内部或外部、稳定或暂时、普遍或独特3个方面加以解释。

4. 充满希望的未来

在实现未来目标的过程中，不仅需要恰当的认知和行为功能（计划未来的能力、对目标的选择优化补偿等），也需要情感成分激励实现目标的行为产生。充满希望的未来（Hopeful Future）是对自己能够实现未来各种可能性的信念和期望，以及随之产生的具有动机功能的积极情感。已有关于未来取向和希望的测量模型存在一定局限。未来取向测量模型关注未来期望的内容，缺少情感成分；希望的测量模型虽然包含了情感成分，但其路径思维部分涵盖了意向性自我调节的内容。

Schmid（2010）编制的未来期望量表（Future Expectation Scale）排除意向性自我调节的成分，把对未来的关注和积极情绪相融合，用来评估个体对于那些将会发生在未来各种情境中的可能性，采用5点评分，共13个题目，高分代表对未来结果期望水平较高。例如：能买得起需要的东西；能拥有不错的收入；做自己想做的事情；从事自己喜欢的工作；能住在自己满意的城市；能考上满意的大学；完成学业；大部分时候保持身体健康；确保人身安全；拥有美满的婚姻；拥有值得信任依赖的朋友；帮助他人；受到别人的尊重。

二、幸福感的影响因素

（一）基本心理需要理论

Ryan和Deci 在20世纪80年代提出了“自我决定理论（Self-determination Theory，SDT）”，其中的“基本心理需要理论”认为每个个体都存在一种发展的需求（人类的基本心理需要），当这种需要得到满足时就会朝向健康和最佳选择的道路发展，并且能体验到一种切实存在的完整感和因理性或积极生活而带来的幸福感。

研究者从促进内在动机和心理健康的社会环境入手，归纳出了三种人类最基本的心理需要：自主（autonomy）需要、胜任（Competence）需要和关联（Relatedness）需要。自主需要即自我决定的需要，是个体体验到的对行为的选择感和自主感。胜任需要是指个体对自己的学习行为或行动能够达到某个水平的信念，相信自己能够胜任该活动。关联需要是个体需要来自周围环境或其他人的关爱、理解和支持，并体验到一种归属感。这三种基本需要被自我决定理论作为幸福感的基本因素，心理需要得到满足后会沿着健康和最佳道路发展。只有人生各个阶段的基本需要得到满足，人们才能产生持续的幸福体验。

（二）基本心理需要的测量

Ilardi 等人（1993）以心理需要理论为基础，编制了工作环境中的心理需要量表，Gagné（2001）在此基础上进行了修订，形成基本心理需要量表（Basic Psychological Needs Scale，BPNS），包括总体（Basic Need Satisfaction in General）、工作领域（Basic Need Satisfaction at Work）和人际关系领域（Basic Need Satisfaction in Relationships）中需要的满足。被试需要对句子描述进行7

等级评定，总体和工作领域的心理需要满足量表有21个题目，人际关系需要满足量表有9个题目。刘俊升（2013）等人以中小学生为研究对象对BPNS进行修订，信效度指标较好。例如：我能从自己从事的事情中获得成就感；了解我的人都说我会把事情完成得很好；我很乐意表达自己的看法和观点；在日常生活中我感到我可以做我自己；我与接触过的人都会相处得很融洽；我身边的人很关心我；我总是感觉到力不从心；在生活中我没有太多机会去决定自己的事情；我没有太多可以亲近的人。

除此之外，研究者还编制了不同环境自主支持感知量表，包括来自医疗（The Health Care Climate Questionnaire，HCCQ）、体育运动（The Sport Climate Questionnaire，SCQ）、工作（The Work Climate Questionnaire，WCQ）、学习环境（The Learning Climate Questionnaire，LCQ）中的自主支持。每个量表的完整版由15个题目组成，简版为6个题目，根据句子描述，由“完全不同意”到“完全同意”进行7等级评定。例如：我能感受到老师对我的理解；我的老师鼓励我自己做选择；老师鼓励我提问。

（三）青少年基本心理需要满足对幸福感的影响

研究者以基本心理需要理论为基础开展实证研究，证实了青少年基本心理需要满足与其幸福感的关系。关于个体基本心理需要满足与幸福感关系的研究发现，基本心理需要满足程度和个体的幸福体验呈正相关，基本心理需要满足水平能够预测其主观幸福感，即基本心理需要满足水平高的个体报告出更高的幸福感（Carver & Scheier，2000；Deci & Ryan，2000；Kernis，2000）。另外有一些研究关注个体日常心理需要满足的变化对其幸福感的影响（Sheldon，Ryan & Reis，1996；Reis，Sheldon，Gable，Roscoe，& Ryan，2000）。Sheldon等人（1996）检验了自主需要和胜任需要的日常变化，发现个体的自主和胜任需要与幸福感相关显著，并且这种变化能够预测日常幸福感的变化。Reis（2000）等人在另一项研究中采用日记调查法，关注个体一天时间当中的心理需要满足与幸福感的关系，也得到相同的结论。在某些特殊环境中的心理需要满足也能促进相应方面的幸福体验，一些研究者关注了运动、工作、志愿活动以及人际关系领域中的心理需要满足与幸福感的关系（Gagné，Ryan，& Bargmann，2003；

Baard, Deci & Ryan, 2004; Vansteenkiste, Neyrinck, Niemiec, Soenens, De Witte, & Van den Broeck, 2007; Gagné, 2003; Patrick, Knee, Canevello, & Lonsbary, 2007)。相反，需要缺失就会增加心理疾病的风险（Ryan & Deci, 2000; Sheldon & Bettencourt, 2002）。

关于青少年基本心理需要与幸福感关系的研究少于成年人，但发现了与成年人一致的研究结论（Erylmaz, 2012; Sheldon & Elliot, 1999; 李清华, 2009）。Eryilmaz（2012）研究验证了青少年基本心理需要满足对幸福感有重要作用，Sheldon和Elliot（1999）在大学生群体中发现他们的基本心理需要满足水平能够预测主观幸福感。李清华（2009）在中国文化背景下对青少年基本心理需要的满足与幸福感的关系开展研究，结果同样发现关联、自主和胜任需要都对幸福感的各个成分存在可靠的预测力，个体在一天中体验到的总体基本心理需要满足与其幸福感也存在显著正相关。

青少年所处环境的差异会对心理需要满足水平产生影响。研究者考察了家庭、学校以及课外活动等具体环境中青少年的心理需要满足与幸福感的关系（Niemiec,

Lynch, Vansteenkiste, Bernstein, Deci, & Ryan, 2006; Chirkov & Ryan, 2001; Veronneau, Koestner, & Abela, 2005; Şimşek & Demir, 2013; Tian, Chen, & Huebner, 2014; Leversen, Danielsen, Birkeland, & Samdal, 2012)。结果发现家庭环境中青少年的心理需要满足程度对其幸福感有重要作用（Niemiec et al., 2006; Chirkov & Ryan, 2001; Véronneau et al., 2005），父母对子女基本心理需要满足所提供的支持水平能够预测子女的幸福感（Şimşek & Demir, 2013）。学校环境中青少年基本心理需要的满足能够有效预测他们的学校主观幸福感，其中胜任需要的预测力最强（Tian et al., 2014）。Leversen等人（2012）还发现课外活动中的心理需要满足也有助于青少年幸福感的发展。

三、幸福感的作用

（一）积极情绪的扩展建构模型

积极情绪是正性情绪或具有正效价的情绪，这些情绪整合后形成幸福。Fredrickson将其定义为“对个人有意义

的事情的独特即时反应，是一种暂时的愉悦”。积极情绪的10种常见形式包括喜悦、感激、宁静、兴趣、希望、自豪、逗趣、激励、敬佩和爱。

在积极情绪的理论研究中，Fredrickson（2001）对积极情绪的扩展建构理论（Broaden-and-Build Model）进行了阐述。该模型认为一些具体的积极情绪（例如喜悦、兴趣、满足等）能够扩展人们瞬间的认知能力，也能够建构持久的个人资源。

1. 积极情绪的扩展作用

Fredrickson在其理论中指出不同类型的积极情绪都能扩展个体瞬间的思维活动范围，能使个体在特定的情景下产生更多思想，做出更多独创性的行为举动。而不同类型的消极情绪则起相反的作用，会窄化个体思维活动序列。也就是说，积极情绪具有开启作用，积极情绪越多思维就越开阔。

2. 积极情绪的建构作用

积极情绪不仅能使个体得到瞬时的收益，还能在“扩展”的基础上，帮助个体建构持久的身体、智力、心理和社会资源，给个体带来间接的长远的收益。研究者通过7周的积极情绪体验训练证实了这一假设，研究发现积极情绪能把个体变得更好，不仅能够提升积极情绪水平，也能建构更多的心理资源。

3. 积极情绪的螺旋式上升

积极情绪与思维扩展和资源建构之间存在相互影响、相互引发的关系。早期的积极情绪体验拓宽了个体的认知和注意，这种扩展作用有利于个体应对逆境，也有助于资源的建构，良好的应对方式也有助于未来积极情绪的产生，个体朝着螺旋式循环上升的方向发展。

一个获得快乐的人，会强烈渴望通过社交或艺术活动进行游戏和创造。在与他人游戏过程中获得的乐趣强化了他的社会支持网络，这种快乐也可能激发他创造出好的艺术作品，取得科研成果，或灵活地解决日常生活中的问题。这些成功经历都是快乐带来的相对持久的结果，有助于个人成长和发展，进而获得更多的积极情绪。由此可说明，积极情绪会扩展即时的思维活动范围；思维活动范围的拓宽使得我们有更多的机会构建持久的资源；建构了更多的持久资源，我们就更有可能健康地成长和发展；经历了好的成长和发展，就会产生更多的积极情绪。

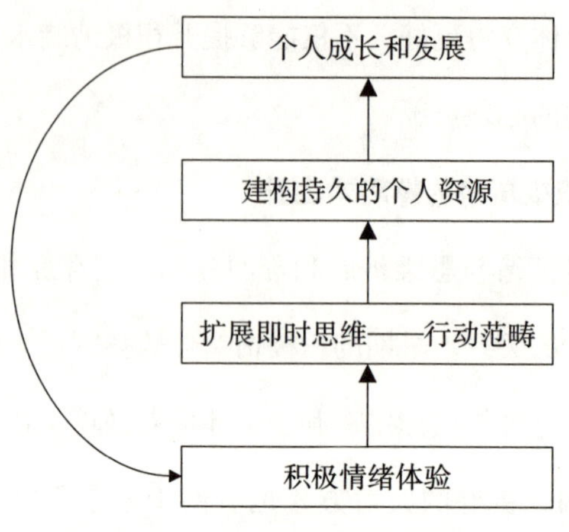

图2-1　积极情绪的螺旋式上升

4. 积极情绪的抵消作用

Fredrickson扩展了积极情绪的理论模型，提出积极情绪对消极情绪存在“抵消”作用。由于积极情绪具有扩展和建构资源的作用，她认为快乐和满足可能是消极情绪的解药。在消极情绪唤醒个体的自主神经系统，导致血压升高、心跳加快时，积极情绪能够修复自主神经，使之平静并恢复到原有水平。同时，积极情绪还可以放松消极情绪对个体产生的思维控制，有助于个体探索新的发展路径。

（二）青少年幸福感对学业发展的影响

对于青少年来说学业是其生活的重要组成部分，本研究将个体在学校的投入程度和学业成就作为其学业发展的评价指标。

1. **青少年幸福感与学校投入**

Fredericks 等人（2004）认为学校投入包括行为投入、认知投入和情感投入。行为投入是指学生进行的有利于心理适应和取得学业成就的行为，表现为积极行动、努力和参与等；情感投入，也叫心理投入，主要涉及学生对学校活动及学习活动的情感和态度，以及学习生活中获得的情感支持，表现为兴趣、归属感、对学习的积极态度等；认知投入是指两种可能影响学业成绩和心理适应的变量，即学生对于学习的心理性“投资”和学生使用的自主学习策略，表现为自我调节、学习目标、投入学习等。

关于青少年幸福感与学校投入关系的研究发现，幸福感的高低与其学校投入水平相对应（Lewis，Huebner，Malone，& Valois，2011；Reschly，Huebner，Appleton，& Antaramian，2008；Lewis，Huebner，Reschley，& Valois，2009；Frisch，Clark，Rouse，Rudd，Paweleck，Greenstone et al.，2005）。青少年持有的生活满意度能够显著预测其学校投入水平，Lewis 等人（2011）研究发现

学生的生活满意度水平能预测5个月后的认知和情感投入。青少年的积极和消极情感体验对学校投入水平也有显著的预测作用，积极和消极情绪能够影响青少年的学校投入水平，积极情绪对应较高的学校投入，消极情绪对应较低的学校投入（Reschly et al.，2008；Lewis et al.，2009；Frisch et al.，2005）。

2. 青少年幸福感与学业成就

关于青少年幸福感与学业成就关系的研究结果不一致。一些研究认为，幸福感或生活满意度水平的高低与他们学业成就水平的高低相对应，表现为幸福感水平高的青少年能够获得更好的学习成绩（Gilman & Huebner，2006；Suldo，Thalji，& Ferron，2011）。Gilman和Huebner（2006）研究发现那些对生活持有较高满意度的青少年，他们拥有更高的学分绩点。Suldo等人（2011）也发现了青少年的主观幸福感对学生一年后学业成绩的预测作用。

也有一些研究者认为青少年幸福感与其学业成就不相关（Huebner，1991；Huebner & Alderman，1993；McCullough & Huebner，2003）。Huebner（1991）研究发现学生的学习成绩与其生活满意度不相关，另一项研究将经历学业失败的学生作为研究对象，结果发现他们与控制组的被试生活满意度水平相近（Huebner & Alderman, 1993）。对于存在学习障碍的学生来说，他们与正常高中生的生活满意度没有区别（McCullough & Huebner, 2003）。

第二章
问题提出

一、青少年幸福感模型的重构

青少年和成年人的幸福感，适合应用相同的幸福感模型吗？

目前青少年幸福感研究中普遍采用的是成人幸福感的理论模型（Huebner，& Dew，1996），但是这种做法没有充分考虑到幸福感模型的发展性特征，对于不同年龄阶段的个体来说，他们的幸福感可能具有不同结构，这种推测源自以下两方面原因：

从理论模型上看，社会情绪选择理论提出个体对未来的时间感知影响社会目标选择，青少年对未来的时间感知是无限的，他们是以获取知识作为主要目标，即具有未来导向的目标；随着年龄的增长，个体对时间的感知由无限转变为有限，以情绪调节作为主要目标，即具有现时导向的目标（Carstensen，1987，1991，1992；Carstensen，Isaacowitz，& Charles，1999；敖玲敏，吕厚超，黄希庭，2011；刘晓燕，陈国鹏，2011）。

从实证研究上看，Ebner（2006）验证了社会情绪选择理论模型。研究发现年轻人持有的目标具有成长取向的特点，该类目标与年轻人的幸福感呈正相关，老年人持有的目标具有维持现状和预防损失的特点，该类目标与老年人的幸福感呈正相关；Bronk，Hill，Lapsley，Talib 和 Finch（2009）[①]对比了处于青春期、成年早期以及成年期3个年龄阶段个体所持有的目标特点与其幸福感的关系，结果发现对于青少年和成年初期的个体来说，追寻目标水平越高其幸福感水平也越高，而对于中年人来说二者则存在负相关。关于青少年幸福感的实证研究也发现具有指向

① Bronk, K. C., Hill, P. L., Lapsley, D. K., Talib, T. L., & Finch, H.（2009）. Purpose, hope, and life satisfaction in three age group. The Journal of Positive Psychology, 4（6）, 500-510.

未来的心理构念对青少年幸福感有显著的预测作用。盖洛普学生调查发现希望和幸福感等表示繁荣发展的指标显著相关；Valle，Huebner和Suldo（2004）以10~19岁儿童青少年为研究对象，也发现希望对生活满意度的预测作用；Magaletta（1999）①考察了希望、自我效能、乐观和总体幸福感间的关系，结果发现希望对总体幸福感的可预测性；King（2006）②发现体验到意义和目标能够提升积极情绪水平。

基于上述两方面原因，研究者推测青少年幸福感具有指向未来的特点，但是以往幸福感模型中很少涉及指向未来的成分。虽然Ryff提出的心理幸福感模型包括生活目标、个人成长、积极的人际关系、自主性、环境掌控和自我接纳6个维度，其中的生活目标和个人成长维度具有指向未来的含义，但没有将其单独提出作为幸福感的成分组成。Ryff（1989，1995）考察了不同年龄阶段个体的幸福感特点，结果发现不同年龄的个体在幸福感各维度上的得

① Magaletta, P.R., & Oliver, J.M.（1999）The hope construct, will, and ways: Their relations with self-efficacy, optimism, and general well-being. Journal of Clinical Psychology, 55（5), 539-551.

② King, L. A., Hicks, J. A., Krull, J. L., & Del Gaiso, A. K.（2006). Positive affect and the experience of meaning in life. Journal of personality and social psychology, 90（1), 179-196.

分差异显著，年轻人在生活目标、个人成长方面获得的幸福感显著多于中年人和老年人，表明不同年龄阶段个体的幸福感具有不同特点，许淑莲（2003）等人在中国文化背景中也发现了类似的研究结果。生活目标、个人成长具有指向未来的含义，说明和中年人、老年人相比，对目标的期望和追求是年轻人幸福体验的重要来源。虽然Ryff编制的心理幸福感量表包含了指向未来的成分，但仍不是专门用于描述青少年幸福感的测量模型。首先，该模型的维度和题目是以成年人为研究对象进行编制，不符合青少年的特点。其次，尽管“生活目标”和“个人成长”维度具有指向未来的含义，但编制者并没有将其作为青少年幸福感的独立成分而单独提出。

有研究者（Busseri，2013；Gomez & Orth，2013；Staudinger，Bluck，& Herzberg，2003）[①,②]指出，个体对

① Busseri, M. A. (2013). How dispositional optimists and pessimists evaluate their past, present and anticipated future life satisfaction: A life approach. European Journal of Personality, 27（2), 185-199.

② Staudinger, U. M., Bluck, S., & Herzberg, P. Y.（2003). Looking back and looking ahead: adult age differences in consistency of diachronous ratings of subjective well-being. Psychology and Aging, 18（1), 13-24.

幸福的知觉因时间指向而不同，进而提出了“幸福评价的时间轨迹”。相关研究发现，年轻人在未来时间轨迹上的幸福感更强，而老年人则是在过去时间轨迹上的幸福感更强。刘杰和黄希庭（2015）①指出，“只有将时间维度与幸福感的研究结合起来，才能更加完整的理解幸福的本质”。

为了进一步完善青少年幸福感的理论结构，本研究以已有幸福感的理论和测量模型为基础，结合青少年幸福感具有指向未来的特点，将“未来”作为时间维度纳入青少年幸福感模型，探索青少年幸福感的模型构成并编制适合青少年特点的幸福感量表，验证指向当下和指向未来的幸福感的异质性，以及随着年龄的增长青少年指向当下和指向未来的幸福感的发展变化趋势。

第三章和第四章的研究1和研究2提出以下假设：

（1）根据青少年在指向当下和指向未来幸福感得分的高低，将其划分为四种幸福感类型，其中当下和未来幸福感水平都高或都低的人数所占比例较高，当下幸福感高而未来幸福感低或当下幸福感低而未来幸福感高的人数所占比例较低。

---

① 刘杰，黄希庭（2015）. 中国大学生幸福评价的时间轨迹. 心理发展与教育，31（3），257-263.

（2）与指向当下的幸福感相比，青少年指向未来幸福感中各成分与具有未来含义的效度指标相关更密切；与指向未来的幸福感相比，青少年指向当下幸福感中各成分与具有当下含义的效度指标相关更密切。

（3）随着年级的升高，青少年幸福感水平整体呈下降趋势，初中阶段的变化较为明显。

（4）青少年幸福感不存在显著的性别差异。

二、家庭环境中青少年的基本心理需要满足对幸福感的影响

自我决定理论是Deci和Ryan提出的一种动机过程理论，该理论指出基本心理需要在决定人类动机和特定动机风格中的重要作用。关联、自主和胜任是人类发展的基本需要，这三种基本心理需要的满足是个体积极发展与心理健康的基础，需要缺失会影响生命持续发展和整合。已有研究证实了成年人基本心理需要满足对他们幸福感的积极作用（Carver & Scheier，2000；Deci & Ryan，2000；Kernis，2000；Reis et al.，2000；Sheldon et al.，1996；

Gagné et al., 2003; Baard et al., 2004; Vansteenkiste et al., 2007; Gagné, 2003; Patrick, Knee, Canevello, & Lonsbary, 2007)。

Ryan 和 Deci（2000）提出应关注不同年龄阶段个体的关联、自主和胜任需要，进而从总体上了解基本心理需要与幸福感之间的关系。相对于成年人而言，关于儿童青少年基本心理需要满足与幸福感关系的研究较少，但有越来越多的研究在青少年群体中证实了基本心理需要满足对幸福感的作用（Erylmaz，2012；Sheldon & Elliot，1999；李清华，2009）。

以往大部分研究考察的是青少年总体心理需要满足水平与其幸福感的关系，但生态系统理论和发展情境论强调了个体所处环境对其发展的重要性，因此有必要在具体环境背景下考察二者的关系。已有研究关注学校环境中青少年基本心理需要满足对其幸福感的影响（Tian et al., 2014），但对于青少年来说，虽然在学校的时间较长，亲子关系仍然比师生关系和同伴关系更重要（Dew & Huebner，1994；Huebner，1991；Man，1991）。家庭是青少年生活的重要环境之一，已有研究证实了青少年在家庭环境中获得的基本心理需要满足能够影响他们的幸福感（Niemiec et al., 2006; Chirkov & Ryan, 2001; Véronneau et al., 2005; Şimşek & Demir, 2013),但这些研究仍存在一定的局限。首先,研究者更多强调了母亲在教养过程中的作用,相对忽视了父亲对青少年幸福感的影响,从而导致实证研究中关于父亲与青少年发展相关的研究相对滞后;其次,在研究方法上多通过青少年对自己基本心理需要满足水平进行评定,缺少从客观角度来评价家长对子女基本心理需要满足所提供的支持。

本研究以基本心理需要理论为基础,采用自编的家庭环境中青少年基本心理需要满足量表,从客观视角考察父亲和母亲对子女关联、自主和胜任需要的满足是否影响青少年指向当下和指向未来的幸福感。

第五章的研究3提出以下假设:

(1)父母对子女关联、自主和胜任需要的满足能够显著预测青少年的幸福感。

(2)父母对子女基本心理需要的满足对青少年幸福感中不同成分有不同的预测作用。

(3)青少年从父母那里获得的关联需要存在显著的性别差异,女生比男生从母亲那里获得更多关联需要满足。

三、青少年幸福感对学业发展的影响

学业成就和幸福感是中学生心理研究的重要主题，二者之间是无关联、相互矛盾、还是相互促进？换言之，幸福的学生会获得更优异的成绩吗？积极情绪的扩展建构理论指出，积极情绪能够扩展人们瞬间的认知能力，也有助于构建相对持久的个人发展资源。

已有研究发现，青少年的幸福感与其学业成就水平相一致，幸福感高的青少年更易获得好的学习成绩（Gilman & Huebner，2006；Suldo，Thalji，& Ferron，2011）[①,②]。但仍有部分研究得出不一致的结果，认为青少年的幸福感与其学业表现无关（Steinmayr，Mcelvany，

① Gilman, R., & Huebner, E. S.（2006）. Characteristics of adolescents who report very high life satisfaction. Journal of Youth and Adolescence, 35（3）, 311–319.

② Suldo, S., Thalji, A., & Ferron, J.（2011）. Longitudinal academic outcomes predicted by early adolescents' subjective well-being, psychopathology, and mental health status yielded from a dual factor model. The Journal of Positive Psychology, 6（1）, 17–30.

& Wirthwein，2016）[①]，具有学习障碍或经历学业失败的青少年对生活所持有的满意度与普通个体相比不存在显著差异（Huebner，1991；Huebner & Alderman，1993）[②, ③]。上述争议的产生可能源于对青少年幸福感的概念所指过于宽泛，测量内容较为模糊。当前青少年幸福感的研究中普遍采用与成人幸福感相同的理论模型，虽然根据被试年龄对问卷中的题目内容加以调整，但其背后的理论模型仍与成人幸福感一致，忽略了幸福感模型的发展性特征。石霞飞，王芳和左世江（2015）[④]同时考察了青少年快乐和意义的幸福动机倾向与学习行为的关系，发现快乐倾向越强，其学习行为表现越消极，而意义倾向越强，表现出越积极的学习行为。由此提出研究假设H_1：与指向当下的幸

---

① Steinmayr, R., Crede, J., Mcelvany, N., & Wirthwein, L. (2016). Subjective well-being, test anxiety, academic achievement: testing for reciprocal effects. Frontiers in Psychology, 6 (52), 1994.

② Huebner, E. S. (1991). Correlates of life satisfaction in children. School Psychology Quarterly, 1991, 6 (2), 103-111.

③ Huebner, E. S., & Alderman, G. L. (1993). Convergent and discriminant validation of a children's life satisfaction scale: Its relationship to self-and teacher-reported psychological problems and school functioning. Social Indicators Research, 1993, 30 (1), 71-82.

④ 石霞飞，王芳，左世江. (2015). 追求快乐还是追求意义？青少年幸福倾向及其对学习行为的影响. 心理发展与教育，31 (5), 586-593.

福感相比，指向未来的幸福感与青少年学业成就的正向预测力更强。

如果指向未来的幸福感对学业成就具有更强的预测作用，则需要深入阐明其作用机制，指向未来幸福感水平高的青少年，更可能积极投入到学校生活中，进而实现学业成就的提升。学校投入是学生对学校及其学习活动的兴趣和参与程度（Li & Lerner，2011），包括行为投入、认知投入和情感投入，是影响个体学业成就的重要因素（Fredricks，Blumenfeld，& Paris，2004）。通过梳理具有指向未来含义的心理构念与学业投入关系的研究结果，发现青少年的希望和未来取向时间观能够预测学校投入（Horstmanshof & Zimitat，2007；Padilla-Walker，Hardy，& Christensen，2011）[①,②]，对未来充满希望的青少年更可能对有意义的目标加以认同和追寻，产生积极投入并实现对学校、社区和家庭的贡献（Damon，Menon，&

① Horstmanshof, L., & Zimitat, C. (2007). Future time orientation predicts academic engagement among first-year university students. British Journal of Educational Psychology, 77 (3), 703-718.

② Padilla-Walker, L. M., Hardy, S. A., & Christensen, K. J. (2011). Adolescent hope as a mediator between parent-child connectedness and adolescent outcomes. Journal of Early Adolescence, 31 (6), 853-879.

Bronk, 2003; Schmid, Phelps, & Lerner, 2011; Schmid, Phelps, Kiely, Napolitano, Boyd, & Lerner, 2011）[①、②、③]。由此提出研究假设H_2：学校投入在青少年指向未来的幸福感与学业成就关系中发挥中介作用。

综上所述，本研究以新构建的青少年幸福感模型为基础，考察指向当下和未来这两种不同成分的幸福感对青少年学业成就的影响，检验学校投入在幸福感与学业成就关系中的中介作用。

---

① Damon, W., Menon, J., & Bronk, K. C.（2003）. The development of purpose during adolescence. Applied Developmental Science, 7（3）, 119–128.

② Schmid, K. L., Phelps, E., & Lerner, R. M.（2011）. Constructing positive futures: Modeling the relationship between adolescent' hopeful future expectations and intentional self regulation in predicting positive youth development. Journal of Adolescence, 34（6）, 1127–1135.

③ Schmid, K. L., Phelps, E., Kiely, M. K., Napolitano, C. M., Boyd, M. J., & Lerner, R. M.（2011）. The role of adolescents' hopeful future in predicting positive and negative developmental trajectories: Finding from the 4–H study of positive youth development. Journal of Positive Psychology, 6（1）, 45–56.

第三章

青少年幸福感的模型重构和量表编制

一、研究目的

已有青少年幸福感研究中普遍采用的是成人幸福感的理论模型，强调的是对当下生活的满意度和积极、消极情感体验，未能充分考虑到不同年龄阶段个体幸福感的发展性特征。根据已有理论和研究发现，青少年幸福感具有指向未来的特点，由此推测青少年幸福感可能具有不同的结构。本研究以青少年阶段具有指向未来的特点为基础，重新构建青少年幸福感模型，并以此模型为基础结合其他具有指向未来含义的心理构念，编制青少年幸福感量表并对其信效度进行检验，为进一步的测量与研究做准备。

二、研究方法

（一）被试选取

选取深圳市3所教育水平相近学校的中小学生1611人（5年级149人、7年级434人、8年级318人、9年级382人、10年级218人、11年级110人，平均年龄10.55~16.45岁），男生836人，女生775人（见表3-1）。

将所有被试分为两组，初二年级样本用于模型拟合，初三年级样本用于模型验证。

表3-1　被试基本信息

	初二年级		初三年级	
	男	女	男	女
被试人数	141	177	207	175

（二）研究程序

1. 青少年幸福感模型构建和量表编制

确定模型结构。青少年幸福感由内容和时间两个维度构成，内容维度包括认知评价和情感体验，时间维度包括当下和未来，两个维度交叉形成当下生活满意度、当下情感体验、未来期望满意度和未来情感体验4个成分（见表3-2），该模型适合描述青少年幸福感。

表3-2　青少年幸福感的成分

	认知评价	情感体验
指向当下	当下生活满意度	当下积极、消极情感体验
指向未来	未来期望满意度	未来积极、消极情感体验

各分量表题目的确定。首先从已发表的相关工具中按照被引用频率选出高影响力的测验，其次选出与新理论架构相吻合的有着较好表面效度的题目，最后根据新理论架构的需要自编增补一些题目。参考的测验包括：（1）当下生活满意度的测量：参照生活满意度量表（Diener，1985）、学生生活满意度量表（Huebner，1991）、多维度学生生活满意度量表（Huebner，1994）、简明多维学生生活满意度量表（Seligson，2003）、综合生活质量量表——学校版（Cummins，1997）、青少年学生生活满意度（张兴贵，2004）等已有青少年生活满意度量表的维度，参考我国青少年生活中的重要领域，将当下认知评价的测量指标生活满意度划分为学业、学校、友谊、自我、家庭、物

质和闲暇满意度7个方面，共42题。(2) 当下情感体验的测量：包括当下积极情感和消极情感，参照Watson和Clark (1988) 编制的积极情感和消极情感量表 (PANAS)、Bradburn (1969) 编制的情感量表 (Affect Scales: Positive Affect, Negative Affect, Affect Balance) 和Laurent等人 (1999) 编制的积极情感和消极情感——儿童版 (PANAS—C)，参考生活中常见的情感体验，编制16个题目。(3) 未来期望满意度的测量：参照Schmid (2010) 等关于hopeful future的调查问卷，通过对青少年关于未来身体健康、学业发展、工作和家庭生活等10个方面的预期，来评价青少年对实现未来积极期望的概率判断。(例如：我将来能考上令自己满意的大学；我将来会从事自己喜欢的工作)。(4) 未来情感体验的测量：包括未来积极情感和消极情感，参考希望 (Snyder, 1997)、乐观 (Scheier, 1985; Schweizer, 2001)、未来时间观 (Zimbardo, 1999)、青少年时间观的时间态度分量表 (Worrell & Mello, 2007) 等测量模型，编制15个题目。

2. 数据预分析

根据研究中控制无关变量的要求，结构分析时应尽量选择具有同质性的样本，以确保结构拟合度相关系数的可靠性。为了保障样本的同质性，控制年龄引起的共变，使用8年级学生的样本进行数据拟合，9年级学生的样本进行模型检验。首先，删除区分度低于0.4的题目。其次，结合语义，通过验证性因素分析对题目的因素负荷进行筛选，根据修正指数删除了标准化负荷低于0.45和交叉载荷较高的项目。综合考虑各分量表题目总数，确定当下生活满意度21题，当下情感体验14题，未来期望满意度10题，未来情感体验14题。

表3–3 青少年幸福感分量表维度和题目数

分量表	维度	题目数
当下生活满意度	学业、学校、自我、友谊、家庭、物质、闲暇满意度	21
当下情感体验	当下积极情感、当下消极情感	14
未来期望满意度	单一维度	10
未来情感体验	未来积极情感、未来消极情感	14

3. 问卷施测

施测前由问卷编制者对主试进行指导语、问卷内容以及相关注意事项的统一培训。以班级为单位，由各班班主任担任主试施测，问卷当场收回。

（三）测量工具

1. 青少年幸福感量表

采用自编青少年幸福感量表，包括当下生活满意度、当下积极和消极情感体验、未来期望满意度、未来积极和消极情感体验4部分内容，共有59个题目。被试根据自己对过去1个月中生活状况的总体看法和感受，对每个句子与自己的符合情况做出由“不符合”到“符合”进行5等级评定。每个分量表的总分为各题目得分相加。在情感体验分量表中，为了综合考虑正负两种情绪体验，借鉴Bradburn编制的情感平衡量表的评价方式，采用情感平衡得分作为情感体验指标（汪向东，王希林，马弘，1999）。当下情感平衡得分=当下积极情感总分/当下积极情感题目数–当下消极情感总分/当下消极情感题目数；未来情感平衡得分=未来积极情感总分/未来积极情感题目数–未来消极情感总分/未来消极情感题目数。

2. 心理幸福感量表

采用Ryff（1989）编制的心理幸福感量表，选取其中具有指向未来和指向当下特点的3个维度，分别是生活目标（4题）、个人成长（5题）、积极的人际关系（4题）。

本研究从量表中选取适合青少年特点的13个题目，被试根据自己的实际情况，对每个句子描述进行“不符合”到“符合”5等级评定，正向题目记为1~5分，反向题目记为5~1分。经检验该量表具有较好的内部一致性信度和结构效度。

个人成长维度的高分者表现为具有不断发展的意识、认为自我处于不断成长和提高的过程中、喜欢尝试新鲜事物、希望完成自我潜能的实现、随时间推移能够看到自身出现的进步、希望自身在知识方面有更多的积累；低分者表现为感到自身处于停滞状态、不能看到自身随时间推移而出现的进步、感到生活无聊和无趣、认为自身在心理和行为方面不能有新的发展。例如：获得新经验很重要，这些经验可以挑战我们对自己和世界的已有看法。

生活目标维度的高分者表现为具有生活目标和方向感，能够体验到以往和当下生活的意义，对人生持有信念；低分者表现为无法理解生活的意义，做事缺乏目标和方向感。例如：我喜欢为将来定下计划并努力去实践。

积极人际关系维度的高分者表现为人际关系融洽、关心他人的利益、拥有坦诚相待亲密无间的朋友关系、能够相互理解相互谅解谦让；低分者表现为缺乏亲密真诚的人

际关系，与他人相处时很难做到开诚布公轻松自如，在人际交往中体验到孤独挫败感，不愿意为维持和他人的重要联系而做出谦让。例如：我和我的朋友都认为我们之间是可以互相信任的。

（四）统计处理

采用SPSS21.0和AMOS17.0对初测问卷进行验证性因素分析，在正式测试中进一步验证该问卷的信效度。

三、结果与分析

（一）青少年幸福感量表的项目区分度

将每个题目分数与其所在维度得分的相关系数作为该题目的区分度指标。青少年幸福感量表中所有题目的区分度介于0.519~0.837，当下生活满意度、未来期望满意度、当下情感体验和未来情感体验4个分量表的平均区分度为0.609~0.758，该问卷各题目具有良好的区分度。当下生活满意度、未来期望满意度、当下情感体验和未来情感体验4个分量表的平均区分度见表3-4：

表3-4　青少年幸福感量表各分量表的平均区分度

分量表	当下生活满意度	当下情感体验		未来期望满意度	未来情感体验	
		积极	消极		积极	消极
平均区分度	0.609	0.7	0.724	0.716	0.758	0.755

结果表明，青少年幸福感各分量表中的题目与所在维度的相关系数均在0.6以上，显著性均达到0.01水平，说明该问卷各题目具有良好的项目区分度。

（二）青少年幸福感量表的信度

采用Cronbach's Alpha系数作为内部一致性信度指标，分别对4个分量表进行了内部一致性检验，结果见表3-5：

表3-5　青少年幸福感量表各分量表的内部一致性系数

分量表	当下生活满意度	当下情感体验		未来期望满意度	未来情感体验	
		积极情感	消极情感		积极情感	消极情感
Alpha系数	0.91	0.822	0.85	0.883	0.895	0.851

结果表明，青少年幸福感各分量表的内部一致性系数都大于0.8，说明该问卷具有较高的内部一致性信度。

（三）青少年幸福感量表的结构效度

为了解青少年幸福感各分量表的结构效度，通过验证性因素分析考察当下生活满意度、当下情感体验、未来期望满意度和未来情感体验4个分量表的模型指数，结果见表3-6：

表3-6　青少年幸福感各分量表的验证性因素分析主要拟合指数

	X^2	df	X^2/df	GFI	NFI	IFI	TLI	CFI	RMSEA
当下生活满意度的7成分模型	329.134	168	1.959	.923	.897	.947	.933	.946	.050
当下情感体验的2成分模型	200.54	76	2.639	.931	.898	.934	.921	.934	.066
未来期望满意度的单维模型	82.391	35	2.354	.958	.947	.969	.960	.969	.050
未来情感体验的2成分模型	220.409	76	2.900	0.917	.917	.944	.933	.944	.071

结果显示，4个分量表的X^2/df值均小于3，RMSEA的值小于0.08。GFI、IFI、TLI和CFI的值都在0.9以上，NFI也接近0.9，表明该模型对数据有较好的拟合，4个分量表

均具有良好的结构效度。每个分量表中各个题目在相应维度上的因素负荷见表3-7到3-10：

表3-7 当下生活满意度分量表各项目的因素负荷

维度	题目	因素负荷
学业满意度	23 我在课堂上感到充实	0.791
	2 从学习中我收获了很多乐趣	0.785
	40 我能够适应目前的课程难度	0.655
学校满意度	6 学校里有很多好玩儿的事	0.670
	44 我能感受到老师的欣赏	0.635
	24 在其他学校的同学面前，我为自己学校感到自豪	0.553
自我满意度	28 我能胜任很多事情	0.681
	46 我对自己的相貌感到满意	0.625
	8 我喜欢自己	0.615
友谊满意度	39 同学们喜欢我	0.796
	1 我有很多朋友	0.747
	19 在我有困难的时候，有些朋友会主动帮助我	0.647
家庭满意度	12 父母能理解我的情绪和感受	0.848
	29 父母尊重我的选择	0.807
	50 当我做错事时父母会问清原因再教育我	0.619
物质满意度	14 我对自己家庭的经济条件感到满意	0.624
	52 我有一些令自己满意的鞋子	0.615
	33 我对可供支配的零花钱数额满意	0.568

续表

维度	题目	因素负荷
闲暇满意度	56 我对自己假期的丰富活动感到满意	0.737
	35 我对放学后自己的时间安排感到满意	0.736
	18 我的课余时间过得很充实	0.634

表3-8 当下情感体验分量表各项目的因素负荷

维度	题目	因素负荷
积极情感	15 感到充满了力量	0.765
	20 感到快乐	0.723
	3 感到神清气爽	0.714
	36 在学习中感到兴奋	0.596
	57 我经常在生活中发现感兴趣的事	0.576
	59 学习时全神贯注	0.535
	51 愿意参与学校或班级的活动	0.501
消极情感	30 感到心烦意乱	0.792
	25 感到坐立不安	0.756
	53 感到紧张	0.705
	41 感到内疚	0.675
	47 觉得不安全	0.655
	34 感到憎恨	0.624
	9 最近遇到的一些事让我感到苦恼	0.479

表3-9 未来期望满意度分量表各项目的因素负荷

题目	因素负荷
26 我将来会拥有精彩的生活	0.836
16 我将来能住在自己满意的城市	0.751
42 我将来能拥有不错的收入	0.748
31 我将来会从事自己喜欢的工作	0.708
54 我将来能考上令自己满意的大学	0.665
10 我将来能买得起需要的东西	0.661
37 我将来能为社会做出贡献	0.633
21 我将来能拥有令我感到温暖的朋友圈	0.579
48 我将来会拥有健康的身体	0.538
4 我将来会拥有美满的婚姻	0.465

表3-10 未来情感体验分量表各项目的因素负荷

维度	题目	因素负荷
积极情感	27 心中的梦想令自己振奋	0.791
	49 对未来的前途感到乐观	0.790
	43 一想到未来的美好目标时感到劲头十足	0.776
	45 期盼未来	0.754
	55 一想到未来感到充满希望	0.725
	11 对未来有美好的憧憬	0.703
	38 关于未来已有初步打算	0.628
	32 能感受到现在的努力对未来目标的意义	0.584

续表

维度	题目	因素负荷
消极情感	5 感到未来是灰暗的	0.791
	58 对未来感到迷茫	0.769
	13 想到未来会感到害怕	0.722
	7 未来会一事无成	0.682
	17觉得做什么都没意思	0.644
	22不愿意去想未来	0.589

上述结果显示，大多数项目在相应维度上的因素负荷都在0.5以上，符合心理测量学要求，表明该量表具有较好的结构效度。

（四）青少年幸福感量表的区分效度

为了进一步探索指向当下幸福感和指向未来幸福感的异质性，本研究通过青少年幸福感量表的区分效度作为心理测量学指标进行验证。

1. 本研究青少年幸福感模型与Ryff心理幸福感模型中部分维度的相关

Ryff构建的心理幸福感（Psychological Well-being）模型由生活目标、个人成长、积极的人际关系、自主性、环境掌控和自我接纳6个维度组成，用来描述个体的幸福体验。选取量表中具有指向未来（生活目标、个人成长）和当下含义的维度（积极的人际关系）作为青少年幸福感量表的区分效度指标，通过相关分析考察青少年在幸福感的当下生活满意度、当下情感体验、未来期望满意度、未来情感体验4个分量表上的得分与效度指标的关系。结果见表3-11：

表3-11 青少年幸福感各分量表与区分效度指标的相关分析

	生活目标	个人成长	积极的人际关系
当下生活满意度	0.521**	0.437**	0.569**
未来期望满意度	0.595**	0.489**	0.463**
当下积极情感体验	0.552**	0.494**	0.439**
未来积极情感体验	0.625**	0.585**	0.434**
当下消极情感体验	−0.389**	−0.314**	−0.512**
未来消极情感体验	−0.557**	−0.467**	−0.511**
当下情感平衡	0.528**	0.449**	0.553**
未来情感平衡	0.645**	0.572**	0.520**

注：**表示$p<0.01$

把幸福感量表中指向当下和未来分量表中相似的维度相匹配，将其与生活目标、个人成长、积极的人际关系的相关程度进行对比。结果表明，生活目标、个人成长这两个维度与未来期望满意度、未来积极情感体验、未来消极情感体验、未来情感平衡的相关均高于其与当下生活满意度、当下积极情感体验、当下消极情感体验、当下情感平衡的相关。积极的人际关系与当下生活满意度、当下积极情感体验、当下消极情感体验、当下情感平衡的相关高于其与未来期望满意度、未来积极情感体验、未来消极情感体验、未来情感平衡的相关。以上结果表明，幸福感中指向未来的成分与生活目标、个人成长的关系更密切，指向当下的成分与积极人际关系的关联更密切，即青少年幸福感量表具有较好的区分效度。

2. 青少年幸福感的类型划分

幸福感包括对当下、未来的认知评价和情感体验，即当下生活满意度、未来期望满意度、当下积极/消极情感体验、未来积极/消极情感体验。将被试在当下生活满意度、未来期望满意度、当下情感平衡和未来情感平衡的得分转换为Z分数，以平均数0作为划分标准，高于0代表得分高，低于0代表得分低。

以Ben-Shahar（2013）提出的汉堡模型为基础，根据被试在当下和未来满意度/情感平衡的得分将其分类，如果本研究构想合理，应该存在以下4种幸福感类型，且每种类型种都有一定人数的分布。类型Ⅰ的特征是当下满意度/情感平衡高，未来满意度/情感平衡高，将其命名为平衡型；类型Ⅱ的特征是当下满意度/情感平衡低，未来满意度/情感平衡高，将其命名为未来型；类型Ⅲ的特征是当下满意度/情感平衡低，未来满意度/情感平衡低，将其命名为问题型；类型Ⅳ的特征是当下满意度/情感平衡高，未来满意度/情感平衡低，将其命名为当下型。具有不同满意度/情感平衡特点青少年的人数比例分布见图3-1和图3-2：

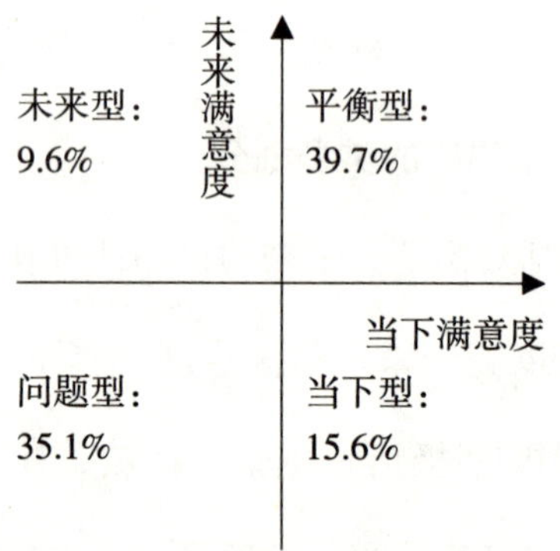

图3-1　青少年幸福感中满意度类型划分

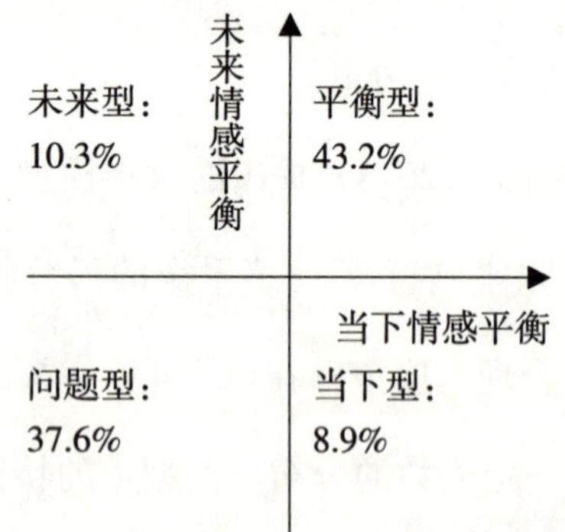

图3-2　青少年幸福感中情感平衡类型划分

按照被试在当下和未来满意度上的得分划分类型，青少年中39.7%是平衡型，9.6%是未来型，35.1%是问题型，15.6%是当下型。按照被试在当下和未来情感平衡上的得分划分类型，青少年中43.2%是平衡型，10.3%是未来型，37.6%是问题型，8.9%是当下型。

传统的幸福感模型中未考虑时间维度，其测量的高低分组等同于本研究中的平衡型和问题型。本研究结果表明具有每种类型特征的初中生均占有一定的比例，说明有必要将时间维度纳入青少年幸福感模型。

3. 不同满意度类型的青少年在区分效度指标上的差异

为了解4种满意度类型的青少年在生活目标、个人成长、积极的人际关系上的差异，通过单因素方差分析进行差异检验，结果见表3-12和图3-3：

表3-12 不同满意度类型的青少年在区分效度指标上的差异检验

满意度类型	生活目标（M±SD）	个人成长（M±SD）	积极的人际关系（M±SD）
类型Ⅰ（N=112）	4.08±0.66	4.57±0.46	4.47±0.59
类型Ⅱ（N=27）	3.75±0.60	4.31±0.57	3.89±0.88

续表

满意度类型	生活目标（M±SD）	个人成长（M±SD）	积极的人际关系（M±SD）
类型Ⅲ（N=99）	3.05±0.79	3.89±0.65	3.56±0.87
类型Ⅳ（N=44）	3.40±0.70	4.33±0.48	4.16±0.61
F	38.19**	26.83**	27.74**

注：**表示p<0.01，M为平均数，SD为标准差，F为回归均方除以残差均方

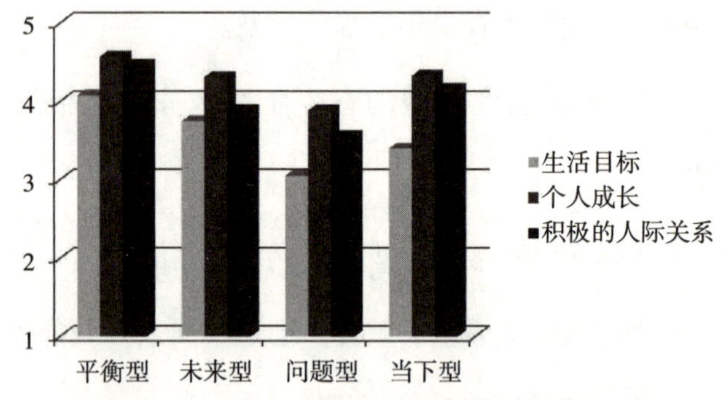

图3-3　不同满意度类型的青少年在区分效度指标上的得分比较

方差分析结果显示，持有不同满意度类型的青少年在生活目标、个人成长、积极人际关系上的得分差异显著。进一步事后比较发现，在生活目标维度，4种类型青少年的得分两两差异显著，平衡型＞未来型＞当下型＞问题型（$p<0.05$）；在个人成长维度，未来型和当下型的得分差

异不显著，平衡型 > 当下型/未来型 > 问题型（$p < 0.05$）；在积极的人际关系维度，未来型和问题型、未来型和当下型的差异不显著，平衡型 > 当下型/未来型（$p < 0.05$），当下型 > 问题型（$p < 0.05$）。该结果表明，持有平衡型满意度类型的青少年在个人成长、生活目标、积极人际关系方面表现最好。持有问题型满意度类型的青少年在这三方面的表现最差。与持有当下型满意度的青少年相比，未来型满意度的青少年具有更高的生活目标，但在个人成长和人际关系方面二者水平相近。

4. 不同情感平衡类型的青少年在区分效度指标上的差异

为了解4种情感平衡类型的青少年在生活目标、个人成长、积极的人际关系上的差异，通过单因素方差分析进行差异检验，结果见表3-13和图3-4：

表3-13　不同情感平衡类型的青少年在区分效度指标上的差异检验

情感平衡类型	生活目标（M±SD）	个人成长（M±SD）	积极的人际关系（M±SD）
类型Ⅰ（N=122）	4.08±0.63	4.57±0.46	4.45±0.62
类型Ⅱ（N=29）	3.66±0.79	4.54±0.37	4.13±0.81

续表

情感平衡类型	生活目标（M±SD）	个人成长（M±SD）	积极的人际关系（M±SD）
类型Ⅲ（N=106）	3.03±0.72	3.88±0.62	3.53±0.84
类型Ⅳ（N=25）	3.34±0.80	4.15±0.52	4.14±0.57
F	44.1**	35.69**	30.63**

注：**表示$p<0.01$，M为平均数，SD为标准差，F为回归均方除以残差均方

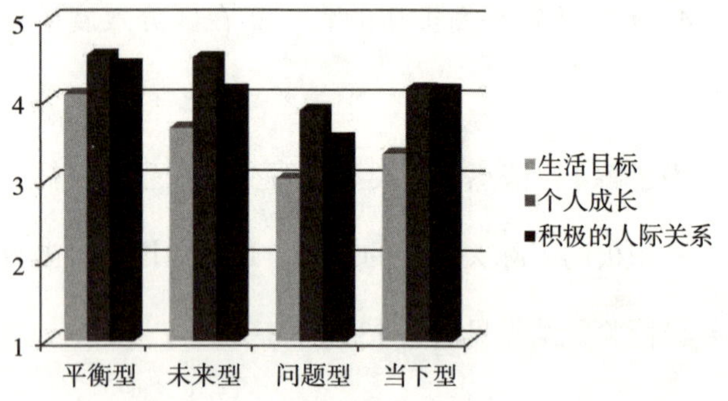

图3-4　不同情感平衡类型的青少年在区分效度指标上的得分比较

方差分析结果显示，持有不同情感平衡类型的青少年在生活目标、个人成长、积极人际关系上的得分差异显著。进一步事后比较发现，在生活目标维度，未来型和当下型的差异不显著，平衡型＞未来型/当下型＞问题型

($p < 0.05$)；在个人成长维度，平衡型和未来型、问题型和当下型的得分差异不显著，平衡型/未来型 > 当下型/问题型（$p < 0.05$）；在积极的人际关系维度，平衡型、未来型和当下型的得分差异不显著，平衡型/未来型/当下型 > 问题型（$p < 0.01$）。该结果表明，持有未来型情感平衡类型的青少年，他们在生活目标上的得分高于当下型，在个人成长和积极人际关系上的得分与当下型相近。

四、讨论

本研究提出了已有青少年幸福感研究的局限，并以青少年发展特点为依据重新构建青少年幸福感模型。不同年龄阶段的幸福感模型应具有发展性特征，通过对已有青少年幸福感理论和相关研究结论的梳理，研究者推测青少年幸福感可能具有指向未来的特点。青少年幸福感由内容和时间两个维度构成，其中内容维度包括认知评价和情感体验，时间维度包括当下和未来，两个维度交叉形成当下生活满意度、当下情感体验、未来期望满意度和未来情感体验4个成分，该模型适合描述青少年幸福感。

在重新构建的青少年幸福感模型基础上，以主观幸福感、希望、乐观、未来取向、对未来的积极期望等测量模型为基础，编制了青少年幸福感量表，分析了该量表的区分度、内部一致性信度以及区分效度。结果发现，青少年幸福感量表具有良好的信效度，可以作为青少年阶段个体幸福感的有效测量工具。

本研究结果验证了指向当下和指向未来的幸福感为不同成分，体现了将指向未来幸福感纳入青少年幸福感的合理性。（1）研究者根据初中生在指向当下和未来的认知评价、情感体验上的得分将其划分为平衡型、未来型、问题型和当下型4种类型，具有每种类型特征的初中生均占有一定的比例。从满意度的类型划分上看，青少年中39.7%是平衡型，9.6%是未来型，35.1%是问题型，15.6%是当下型；从情感体验的类型划分上看，青少年中43.2%是平衡型，10.3%是未来型，37.6%是问题型，8.9%是当下型。（2）本研究选择Ryff编制的心理幸福感量表中的个人成长、生活目标、积极的人际关系维度作为本量表的区分效度指标，结果发现指向未来的幸福感与具有未来含义的测量指标（生活目标、个人成长）相关更高，指向当下的幸福感则与具有当下含义的测量指标（积极的人际关系）

相关更高。这也表明指向当下和指向未来的幸福感是不同的成分。

本研究也验证了将指向未来幸福感作为青少年幸福感成分的必要性。首先，社会情绪选择理论提出，年轻人的目标具有成长取向特点，并且年轻人对未来期望的满意度以及指向未来的积极情感与其幸福感呈显著正相关，指向未来的消极情感与幸福感呈显著负相关。其次，实证研究也发现青少年的希望、未来取向、乐观等具有指向未来含义的心理构念能够预测他们的幸福感（Magaletta & Oliver，1999；Valle et al.，2006），对于青少年和成年初期的个体来说，追寻目标水平越高，其幸福感水平也越高，对于中年人来说二者则存在负相关（Bronk et al.，2009）。

五、结论

本研究梳理了幸福感的理论和测量模型，以青少年阶段的发展特点为基础，结合已有的实证研究结果，推测青少年幸福感不仅是对当下生活的满意和情感体验，还应包

括对未来的认知评价和情感体验，即指向未来的幸福感。本研究以此为依据重新构建了青少年幸福感模型，并编制了青少年幸福感量表，得到以下结论：

（1）青少年幸福感由内容和时间两个维度构成，其中内容维度包括认知评价和情感体验，时间维度包括当下和未来，两个维度交叉形成当下生活满意度、当下情感体验、未来期望满意度和未来情感体验4个成分，该模型适合描述青少年幸福感。

（2）当下生活满意度、当下情感体验、未来期望满意度和未来情感体验4个分量表均具有良好的信效度。

（3）从满意度的类型划分上看，青少年中39.7%是平衡型，9.6%是未来型，35.1%是问题型，15.6%是当下型；从情感体验的类型划分上看，青少年中43.2%是平衡型，10.3%是未来型，37.6%是问题型，8.9%是当下型。这表明有必要将指向当下和指向未来的幸福感加以区分。

（4）从关联效标上看，指向未来的幸福感成分与具有未来含义的关联指标（生活目标、个人成长）相关更高；指向当下的幸福感成分则与具有当下含义的关联指标（积极的人际关系）相关更高。

第四章

青少年幸福感的发展趋势和性别特点

一、研究目的

第三章的研究结果验证了青少年幸福感由内容和时间两个维度构成，包括当下生活满意度、当下情感体验、未来期望满意度和未来情感体验4个成分。以往研究采用的是指向当下的幸福感来考察青少年幸福感的特点，本研究以重新构建的青少年幸福感模型为基础，考察随着年龄增长青少年幸福感各成分的发展变化趋势和性别特点。

二、研究方法

（一）被试选取

本研究选取深圳市教育水平相近的小学5年级学生149人（男生70人，女生79人，平均年龄10.55岁）、7（初一）年级学生434人（男生241人，女生193人，平均年龄12.54岁）、8（初二）年级学生318人（男生141人，女生177人，平均年龄13.6岁）、9（初三）年级学生382人（男生207人，女生175人，平均年龄14.58岁）、10（高一）年级218人（男生113人，女生105人，平均年龄15.61岁）、11（高二）年级110人（男生64人，女生46人，平均年龄16.45岁）进行调查，回收有效问卷1611份。

表4-1　被试基本信息

	5年级		7年级		8年级		9年级		10年级		11年级	
	男	女	男	女	男	女	男	女	男	女	男	女
人数	70	79	241	193	141	177	207	175	113	105	64	46

（二）研究程序

施测前由问卷编制者对主试进行指导语、问卷内容以及相关注意事项的统一培训。以班级为单位，由各班班主任担任主试施测，问卷当场收回。在小学5年级施测时，读完指导语后需要给学生举一个例子，确保学生了解等级评定的含义。

（三）测量工具

青少年幸福感量表。采用第三章研究时自编的青少年幸福感量表，由当下生活满意度、当下积极和消极情感体验、未来期望满意度、未来积极和消极情感体验四部分组成，共有59个题目。所有题目采用5点评分，从“不符合”到“符合”，依次记为1~5分。各分量表的Cronbach's α系数在0.822~0.91之间。验证性因素分析结果表明，该问卷具有良好的结构效度。

（四）统计处理

采用SPSS21.0和Excel 2007进行数据的统计分析。

三、结果与分析

（一）青少年幸福感各成分的性别差异

根据性别将被试划分为两组，分别统计不同年级男女生在当下生活满意度、当下积极情感、当下消极情感、未来期望满意度、未来积极情感和未来消极情感维度的平均分，通过独立样本T检验，考察不同年级青少年在幸福感各维度得分的性别差异。结果见表4-2：

表4-2　不同年级青少年在幸福感各分量表得分的性别差异

年级	分量表/维度	男		女		t
		M	SD	M	SD	
5年级	当下生活满意度	83.74	14.61	86.15	10.02	−1.185
	当下积极情感	28.84	4.93	29.64	3.66	−1.099
	当下消极情感	15.77	6.05	15.03	5.94	.759
	未来期望满意度	41.76	6.92	42.11	5.74	−.344

续表

年级	分量表/维度	男		女		t
		M	SD	M	SD	
5年级	未来积极情感	33.23	6.38	34.56	5.07	−1.414
	未来消极情感	11.3	4.97	10.46	4.15	1.129
7年级	当下生活满意度	85.31	13.34	86.17	13.38	−.67
	当下积极情感	28.99	5.14	29.39	4.96	−.812
	当下消极情感	15.17	6.63	16.1	6.34	−1.492
	未来期望满意度	41.7	6.87	42.66	6.55	−1.486
	未来积极情感	33.86	6.43	34.19	6.3	−.525
	未来消极情感	11.52	5.63	11.03	4.97	.975
8年级	当下生活满意度	80.48	13.19	79.24	12.97	.844
	当下积极情感	27.77	4.97	27.77	4.48	−.005
	当下消极情感	16.33	6.87	16.73	6.51	−.525

续表

年级	分量表/维度	男		女		t
		M	SD	M	SD	
8年级	未来期望满意度	40.46	6.85	39.72	4.05	.968
	未来积极情感	32.21	6.68	32.47	5.83	–.375
	未来消极情感	12.09	5.28	12.57	5.17	–.812
9年级	当下生活满意度	79.77	14.34	77.58	14.76	1.472
	当下积极情感	27.6	5.02	26.16	5.46	2.691**
	当下消极情感	18.81	6.73	18.79	6.92	.018
	未来期望满意度	40.59	7.01	38.74	6.71	2.624**
	未来积极情感	31.54	6.71	31.32	6.9	.31
	未来消极情感	14.21	5.85	14.19	5.7	.032
10年级	当下生活满意度	76.65	12.21	77	12.83	–.209
	当下积极情感	26.47	5.13	26.47	4.76	.004

续表

年级	分量表/维度	男		女		t
		M	SD	*M*	SD	
10年级	当下消极情感	17.39	6.33	18.25	5.38	−1.081
	未来期望满意度	39.92	7.09	40.13	6.21	−.235
	未来积极情感	31.6	5.81	31.81	6.37	−.252
	未来消极情感	12.42	5.18	13.09	4.76	−.992
11年级	当下生活满意度	76.14	12.59	76.8	11.19	−.285
	当下积极情感	25.8	5.05	27.15	4.17	−1.49
	当下消极情感	17.64	6.78	18.28	6.15	−.509
	未来期望满意度	38.5	7.18	39.87	4.9	−1.189
	未来积极情感	30.2	6.75	32.43	5.59	−1.834
	未来消极情感	13.19	5.4	12.17	3.91	1.142

注：**表示$p<0.01$，*M*为平均数，*SD*为标准差

独立样本T检验发现，9年级学生在当下积极情感和未来期望满意度方面存在显著的性别差异（$p<0.01$），其他年级学生在幸福感各维度得分上均不存在显著的性别差异。该结果表明，只有9年级男生在指向当下的积极情感水平和对未来期望的满意度高于女生，其他年级男女生的幸福感水平相近。

（二）青少年幸福感的年级差异

1. 青少年生活满意度的年级差异

根据年级将被试划分为6组，采用单因素方差分析，考察不同年级学生总体生活满意度水平的差异，结果见表4-3：

表4-3 青少年生活满意度水平的年级差异

	5年级 M±SD	7年级 M±SD	8年级 M±SD	9年级 M±SD	10年级 M±SD	11年级 M±SD	F
当下生活满意度	4.05 ±0.59	4.08 ±0.64	3.79 ±0.62	3.75 ±0.69	3.66 ±0.59	3.64 ±0.57	20.74^{**}

注：**表示$p<0.01$，M为平均数，SD为标准差，F为回归均方除以残差均方

方差分析结果表明，不同年级学生的当下生活满意度存在显著差异（F（6，1797）=20.742，$p<0.01$）。进一步

事后比较发现，5年级和7年级学生的当下生活满意度水平相近；5年级和7年级学生对当下生活的满意度显著高于8~11年级；8~11年级学生的当下生活满意度差异不显著。

2. 青少年当下积极情感的年级差异

根据年级将被试划分为6组，采用单因素方差分析，考察不同年级学生当下积极情感水平的差异，结果见表4-4：

表4-4　青少年当下积极情感体验得分的年级差异

	5年级 M±SD	7年级 M±SD	8年级 M±SD	9年级 M±SD	10年级 M±SD	11年级 M±SD	F
当下积极情感	4.18 ±0.61	4.17 ±0.72	3.97 ±0.67	3.85 ±0.75	3.78 ±0.71	3.77 ±0.68	16.71**

注：**表示p<0.01，M为平均数，SD为标准差，F为回归均方除以残差均方

方差分析结果表明，不同年级学生的当下积极情感水平存在显著差异（F（6，1797）=16.714，p<0.01）。进一步事后比较发现，5年级和7年级学生在当下积极情感上的得分无显著差异，但这两个年级学生的积极情感显著多于8~11年级；8年级学生持有的指向当下的积极情感显著多于9~11年级，显著少于5、7年级；9~11年级学生持有

的当下积极情感显著少于5、7、8年级，9~11年级之间在当下积极情感上的得分无显著差异。

3. 青少年当下消极情感的年级差异

根据年级将被试划分为6组，采用单因素方差分析，考察不同年级学生当下消极情感水平的差异，结果见表4-5：

表4-5　青少年当下消极情感体验得分的年级差异

	5年级 M±SD	7年级 M±SD	8年级 M±SD	9年级 M±SD	10年级 M±SD	11年级 M±SD	F
当下消极情感	2.19 ±0.85	2.23 ±0.93	2.36 ±0.95	2.69 ±0.97	2.54 ±0.84	2.56 ±0.93	12.33**

注：**表示$p<0.01$，M为平均数，SD为标准差，F为回归均方除以残差均方

方差分析结果表明，不同年级学生的当下消极情感水平存在显著差异（F（6，1797）=12.333，$p<0.01$）。进一步事后比较发现，5、7、8年级学生指向当下的消极情感得分差异不显著，9年级学生指向当下的消极情感显著多于前3个年级；10年级学生指向当下的消极情感显著多于5、7年级，与8、9、11年级差异不显著；11年级学生指向当下的消极情感显著多于5、7年级，与8、9、10年级差异不显著。

4. 青少年未来期望满意度的年级差异

根据年级将被试划分为6组，采用单因素方差分析，考察不同年级学生对未来期望满意度的差异，结果见表4-6：

表4-6　青少年未来期望满意度得分的年级差异

	5年级 *M*±SD	7年级 *M*±SD	8年级 *M*±SD	9年级 *M*±SD	10年级 *M*±SD	11年级 *M*±SD	*F*
未来期望满意度	4.19 ±0.63	4.21 ±0.67	4.01 ±0.67	3.97 ±0.69	4.00 ±0.67	3.91 ±0.63	12.06**

注：**表示$p<0.01$，*M*为平均数，SD为标准差，*F*为回归均方除以残差均方

方差分析结果表明，不同年级学生对未来期望满意度存在显著差异（*F*（6，1797）=12.064，$p<0.01$）。进一步事后比较发现，5年级和7年级学生持有的未来期望满意度差异不显著；5年级和7年级学生在未来期望满意度上的得分显著高于8~11年级；8~11这四个年级的学生之间的差异不显著。

5. 青少年未来积极情感的年级差异

根据年级将被试划分为6组，采用单因素方差分析，考察不同年级学生对未来积极情感的差异，结果见表4-7：

表4-7　青少年未来积极情感体验得分的年级差异

	5年级 M±SD	7年级 M±SD	8年级 M±SD	9年级 M±SD	10年级 M±SD	11年级 M±SD	F
未来积极情感	4.24 ±0.72	4.25 ±0.79	4.04 ±0.78	3.93 ±0.85	3.96 ±0.76	3.89 ±0.80	9.87**

注：**表示p<0.01，M为平均数，SD为标准差，F为回归均方除以残差均方

方差分析结果表明，不同年级学生在指向未来积极情感得分上差异显著（F（6，1797）=9.868，p<0.01）。进一步事后比较发现，5年级和7年级学生对未来的积极情感差异不显著；5、7年级学生对未来的积极情感显著多于8~11年级；8~11年级学生对未来的积极情感水平差异不显著。

6. 青少年未来消极情感的年级差异

根据年级将被试划分为6组，采用单因素方差分析，考察不同年级学生对未来消极情感的差异，结果见表4-8：

表4-8　青少年未来消极情感体验得分的年级差异

	5年级 M±SD	7年级 M±SD	8年级 M±SD	9年级 M±SD	10年级 M±SD	11年级 M±SD	F
未来消极情感	1.81 ±0.76	1.88 ±0.89	2.06 ±0.87	2.37 ±0.96	2.12 ±0.83	2.13 ±0.81	18.09**

注：**表示p<0.01，M为平均数，SD为标准差，F为回归均方除以残差均方

方差分析结果表明，不同年级学生在指向未来的消极情感得分差异显著（F（6，1797）=18.091，$p<0.01$）。进一步事后比较发现，5年级和7年级学生对未来的消极情感差异不显著；5年级和7年级分别与8~11年级差异显著，5、7年级学生指向未来的消极情感水平都显著低于8~11年级；8年级和9年级差异显著，8年级学生指向未来的消极情感显著少于9年级；8年级和10、11年级差异不显著；9年级和10、11年级差异显著，9年级学生指向未来的消极情感水平显著高于10、11年级；10和11年级学生在指向未来的消极情感水平上差异不显著。

（三）青少年幸福感的发展变化趋势

随着年级的升高，青少年幸福感整体呈下降趋势，其中对当下和未来的生活满意度降低，积极情感减少，消极情感增多。

青少年幸福感中对当下和未来的认知评价具有一致的变化趋势，表现为5年级和7年级学生对当下生活和未来期望满意度水平最高（$p>0.05$），从7年级至8年级显著下降（$p<0.01$），下降至8年级后保持稳定，8~11年级没有显著的下降（$p>0.05$），结果见图4-1：

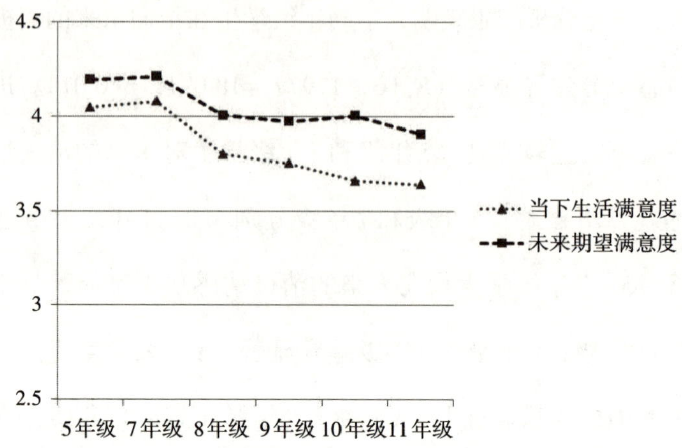

图4-1　青少年幸福感认知评价成分的发展变化趋势

为了分析青少年当下满意度下降趋势的具体表现，对5~11年级学生当下生活满意度的7个方面（学业、学校、友谊、自我、家庭、物质和闲暇满意度）的变化趋势进行了分析，结果见图4-2。在5年级和7年级中，青少年对7类生活满意度水平较高且无显著差异（$p>0.05$）；在7~8年级阶段，除了家庭满意度，其他方面的满意度均呈显著下降（$p<0.01$）；进入8年级后，青少年的学校满意度、闲暇满意度和自我满意度的变化具有显著差异（$p<0.01$）。

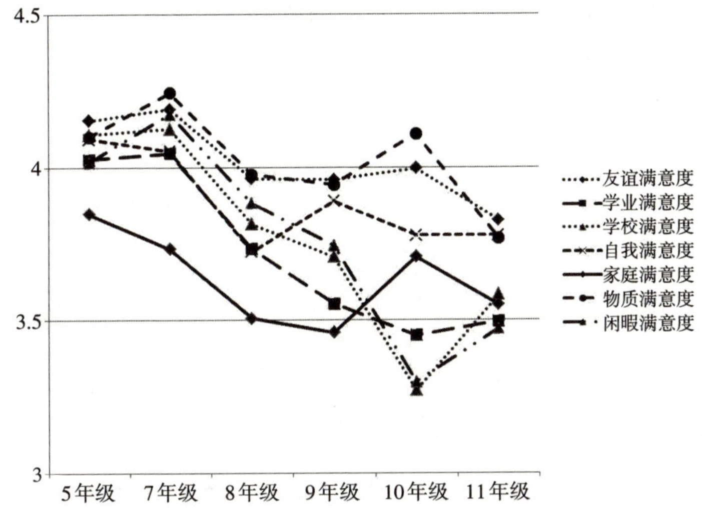

图4-2　青少年幸福感中当下生活满意度各维度的变化趋势

青少年幸福感中情感体验成分的变化趋势如图4-3所示：（1）青少年指向当下和未来的积极情感随年级的升高而减少，5年级和7年级学生指向当下的积极情感最多，7~8年级显著下降（$p<0.01$），8~11年级保持稳定（$p>0.05$）；（2）青少年指向当下和未来的消极情感随年级升高表现出先增多后减少的趋势，在5年级和7年级时消极情感较少，7~8年级开始逐渐增多（$p>0.05$），8~9年级达到最高水平后在9~10年级出现显著回落（$p<0.01$），10年级后趋于稳定（$p>0.05$）。以上结果表明，青少年幸福感水平整体呈下降趋势，其中以初中阶段的认知满意度、积极情感水平的下降和消极情感的增多最为突出。

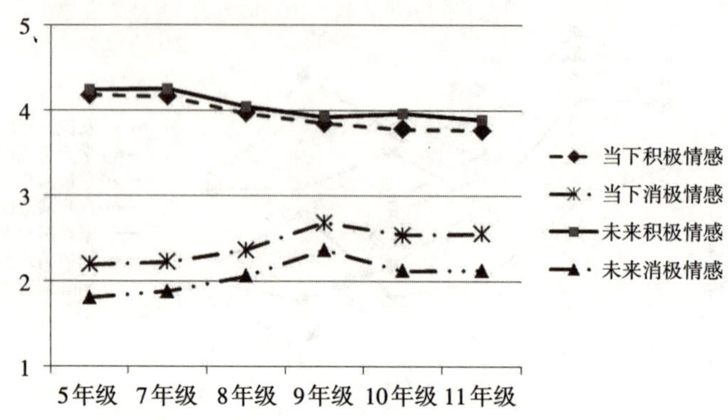

图4-3　青少年幸福感情感体验成分的发展变化趋势

四、讨论

（一）青少年幸福感整体呈下降趋势

5~11年级之间个体幸福感水平整体呈下降趋势，即随着年级的升高，青少年的当下生活满意度、当下积极情感、未来期望满意度和未来积极情感都呈下降趋势，当下和未来消极情感增多。这与以往研究结果一致，支持了我国青少年幸福感呈显著下降的调查结果（谭千保，曾苗，2007；王钢，张大均，梁丽，2008；王鑫强，张大均，

2012；种媛，杨俊龙，夏小燕，2007），也验证了西方关于青少年幸福感呈略微下降趋势的研究结论（Huebner，Suldo，Valois，& Drane，2006；Proctor，Linley，& Maltby，2009）。虽然幸福感的整体水平下降，但仍表现出中等偏上的水平，说明大部分青少年对他们的生活持有积极态度。该结果同样具有跨文化的一致性，在美国、澳大利亚、葡萄牙、加拿大、西班牙和韩国都得到了验证（Casas，Alsinet，Rossich，Huebner，& Laughlin，2001；Cummins，1997；Greenspoon & Saklofske，1997；Huebner，Drane，& Valois，2000；Neto，1993）。

随着年级的升高，被试对其学业、学校和闲暇满意度的下降幅度最大，由此分析青少年幸福感整体呈下降的可能原因如下：（1）进入中学后学生的学习压力不断增加，意识到学业表现对未来前途的利害关系，因而对自己的学业表现更不满意。（2）可自主支配的自由空间越来越少，除了在校正常上课外，还要经常参加课外补习，超负荷的学习任务使学生很少有自由活动时间，致使他们对学校生活和闲暇生活的满意度下降。

青少年幸福感水平随着年级升高而逐渐降低，这意味着教育的结果之一是降低了学生的幸福体验。因此，在未

来的教育实践中需关注如何增强学生的幸福体验，帮助学生从学校生活中获取快乐，构建能够提升青少年幸福感的生态环境，在教学中融入增进幸福感的元素。

（二）初中阶段幸福感下降幅度最大

青少年幸福感水平整体呈下降趋势，以初中阶段的认知满意度、积极情感水平的下降和消极情感的增多最为突出，即初中阶段幸福感水平最低。产生该结果的可能原因之一是青春期个体受到心理发展和所处环境改变等共性特征的影响。（1）从心理发展角度来看，首先，初中生的自我意识发展处于第二次飞跃阶段，随着他们对自我探索的深入和反思，现实自我和理想自我之间的差距增大，逐渐产生了对自己的不满意感（程乐华，曾细花，2000）。其次，Steinberg等人（2008）考察了不同年龄阶段个体的感觉寻求变化特点，在10~30岁的被试中，感觉寻求水平在12岁时最高。初中生正处于感觉寻求较高的阶段，但初中阶段的生活环境难以满足其需要，这也是导致初中生幸福感下降的重要原因。（2）从环境变化的角度来看，首先，小学升入初中后学业压力增大，幸福感有所下降。其次，本研究样本选自深圳市某普通初中和高中，深圳市重视中考时的学生分流，仅有50%学生可以升入普通高中，其余部分只能进入职业技术学校。因此深圳地区的升学压力在初中阶段最为激烈。

（三）青少年幸福感的性别差异

研究分别考察了不同年级青少年在幸福感各成分上的性别差异，结果发现大部分年级的男女生在幸福感各成分的得分没有显著差异。这与以往幸福感性别差异的研究结果类似，Huebner（2004）综述了很多研究后发现3~12年级儿童和青少年的生活满意度不存在性别差异，国内关于青少年生活满意度的研究也得到了类似的结果（戴巧云，2005；田丽丽，刘旺，Gilma，2003；王鑫强，张大均，2012），证实了人口学变量对生活满意度的影响有限。但只有9年级学生在指向当下的积极情感和未来期望满意度得分上存在显著性别差异，男生的得分显著高于女生，即9年级男生对当下生活的积极情感多于女生，他们对未来期望的满意度程度也比女生高。出现这一结果的可能原因是，当面临中考分流压力时男生受其影响较小，无论是上职业高中还是普通高中，男生比女生对未来生活有更乐观的估计，依然能够积极感受学校生活带来的乐趣。

五、结论

本研究考察了小学5年级和7~11年级学生的幸福感各成分的性别差异和发展变化，得到以下结论：

（1）在5~11年级之间，随着年龄增长，青少年幸福感水平整体呈下降趋势，以初中阶段认知满意度和积极情感水平的下降、消极情感水平的升高最为突出。

（2）只有9年级男生在指向当下的积极情感水平和对未来期望的满意度高于女生，多数年级学生的幸福感不存在显著的性别差异。

第五章

家庭中的基本心理需要满足对青少年幸福感的影响

一、研究目的

基于Ryan和Deci提出的自我决定理论中的基本心理需要理论，当个体的关联、自主、胜任需要得到满足时有助于动机内化，进而提升个体的幸福感。对于青少年来说，家庭是其成长的重要环境之一，亲子关系对青少年幸福感有重要的影响，不同的亲子互动会对子女基本心理需要提供不同程度的满足。本研究旨在考察家庭环境中父母对子女基本心理需要满足水平对青少年幸福感各成分的影响。

二、研究方法

（一）被试选取

本研究选取长春市某中学高一年级学生进行调查，发放问卷180份，回收有效问卷158份，其中女生99人，男生59人，平均年龄15.72岁。

（二）研究程序

1. 编制家庭环境中青少年基本心理需要满足量表

“自我决定理论”是幸福感的理论模型之一，Ryan和Deci在“自我决定理论”中提出了“基本心理需要理论”，该理论认为每个个体都存在一种发展的心理需求，当这种心理需要得到满足时，个体就会朝向健康和最佳选择的道路发展，并且能体验到一种切实存在的完整感和因理性或积极生活而带来的幸福感。通过理论和实践研究，研究者归纳出人类的三种最基本的心理需要，即关联需要、自主需要和胜任需要。（1）关联需要是指个

体想要与他人建立密切情感连接，表现为在行为或活动中想要寻找依恋，体会安全感、归属感和与他人的亲密感。（2）自主需要是指个体在活动或行为上具有较高的自我决定水平，能够体验到自己能主宰自己的行为、具有自我组织经验和行为的愿望、希望做出与个体自我整合感相一致的行为。表现为个体想要体验到自我选择、自由意志、掌控自己行为的感觉。（3）胜任需要是指个体能够通过有效并熟练地完成某种活动来展现自己的能力，表现为在社会生活中完成最佳挑战，体会娴熟感和胜任感。

目前研究中缺少父母对子女基本心理需要满足的测量工具。基于以上理论内容和操作定义，研究者借鉴了依恋、教养方式、父母联结、家长参与、自主支持、积极信息化反馈等与关联需要、自主需要和胜任需要有关的测量模型，结合青少年在家庭生活中的实际情况选择和编制题目。根据项目区分度删除题目，最终该量表包括父母对子女在关联、自主、胜任需要的满足3个维度，共有37个题目。

2. 问卷施测

施测前由问卷编制者对主试进行指导语、问卷内容以

及相关注意事项的统一培训。以班级为单位，由各班班主任担任主试施测，问卷当场收回。

（三）测量工具

1. 青少年幸福感量表

青少年幸福感量表。采用第三章研究时自编的青少年幸福感量表，由当下生活满意度、当下积极和消极情感体验、未来期望满意度、未来积极和消极情感体验四部分组成，共有59个题目。所有题目采用5点评分，从“不符合”到“符合”，依次记为1~5分。各分量表的Cronbach's α系数在0.822~0.91之间。验证性因素分析结果表明，该问卷具有良好的结构效度。

2. 家庭环境中青少年基本心理需要满足量表

采用自编的青少年基本心理需要满足（家庭环境）量表，该量表包括父母对子女在自主（12题，例如：我的事情让我自己拿主意）、关联（13题，例如：我愿意和他/她聊天）、胜任（12题，例如：他/她相信我能完成新的挑战）需要的满足三个维度，共有37个题目。学生根据自己与父亲和母亲的互动，对句子描述从“很不符合”到“非常符合”进行等级评定，所有题目采用4点

评分，依次记为1~4分，问卷中包括13个反向题目，依次记为4~1分。该量表具有较好的信效度，其中各个题目的区分度为0.401~0.835；各维度的内部一致性信度为0.817~0.863；量表结构效度的各项指标分别为x^2/df=2.25，GFI=0.79，IFI=0.84，TLI=0.82，CFI=0.84，RMSEA=0.074。

（四）统计处理

采用SPSS21.0进行数据统计分析。

三、结果与分析

（一）父母对子女基本心理需要满足水平的性别差异

青少年在家庭生活中与父母有不同的互动方式，对于男生和女生来说，他们与父母的互动可能有所不同。本研究根据性别将被试划分为两组，通过独立样本T检验，考察男女生在父母提供的关联、自主和胜任三种需要满足水平上的差异。结果如表5-1：

表5-1　父母对子女基本心理需要满足水平的性别差异

	性别	人数	M±SD	t
母亲对子女关联需要的满足	男	59	40.24±7.3	−2.305**
	女	99	42.87±6.72	
母亲对子女自主需要的满足	男	59	36±7.032	−0.035
	女	99	36±7.026	
母亲对子女胜任需要的满足	男	59	38±6.04	0.021
	女	99	37.98±5.56	
父亲对子女关联需要的满足	男	59	37.95±7.3	−0.482
	女	99	38.54±7.37	
父亲对子女自主需要的满足	男	59	36.14±7.09	−1.278
	女	99	37.58±6.38	
父亲对子女胜任需要的满足	男	59	38.65±5.92	−0.397
	女	99	39.03±5.61	

注：**表示p<0.01，M为平均数，SD为标准差

独立样本T检验结果发现，男生和女生在来自母亲的关联需要中存在显著差异，女生得分显著高于男生，在另外两种需要满足上不存在显著的性别差异。上述结果表明，与男生相比，女生从母亲那里获得更多的关联需要满足，但男生和女生从父母那里获得的自主和胜任需要的满足程度相近。

鉴于只有来自母亲的关联需要满足水平存在显著的性

别差异，后续数据处理将男女生作为整体同时进行结果分析。

（二）父母对子女基本心理需要满足水平与青少年幸福感的相关

青少年幸福感包括指向当下和未来的认知评价和情感体验，将父母对子女的自主、关联和胜任需要满足水平与青少年幸福感各成分进行相关分析，结果见表5-2：

表5-2　父母对子女基本心理需要满足水平与青少年幸福感各指标的相关分析

	关联需要（母亲）	自主需要（母亲）	胜任需要（母亲）	关联需要（父亲）	自主需要（父亲）	胜任需要（父亲）
当下生活满意度	0.530**	0.456**	0.543**	0.504**	0.502**	0.468**
当下积极情感体验	0.496**	0.364**	0.415**	0.424**	0.393**	0.313**
当下消极情感体验	−0.297**	−0.160*	−0.213**	−0.183*	−0.248**	−0.189**
未来期望满意度	0.335**	0.268**	0.354**	0.409**	0.310**	0.261**
未来积极情感体验	0.365**	0.283**	0.392**	0.396**	0.276**	0.339**
未来消极情感体验	−0.424**	−0.225**	−0.332**	−0.305**	−0.278**	−0.303**

注：**表示p<0.01，*表示p<0.05

相关分析结果表明，父母对子女自主、关联、胜任需要的满足水平与青少年的当下生活满意度、当下积极情感体验、未来期望满意度、未来积极情感体验呈显著正相关，与青少年的当下和未来的消极情感体验呈显著负相关。

（三）父母对子女基本心理需要满足水平对青少年幸福感的预测

以青少年幸福感的各项指标作为因变量，母亲或父亲对子女关联、自主和胜任三种心理需要满足水平作为自变量，采用多元回归分析，分别考察父母对子女基本心理需要的满足水平对青少年幸福感各成分的预测程度，结果见表5-3：

表5-3　父母对子女基本心理需要满足水平对青少年幸福感各指标的多元回归分析

因变量	自变量	F	R^2
当下生活满意度	母亲对子女三种需要的满足	28.94**	0.365
	父亲对子女三种需要的满足	24.54**	0.340
当下积极情感体验	母亲对子女三种需要的满足	18.63**	0.270

续表

因变量	自变量	F	R^2
当下积极情感体验	父亲对子女三种需要的满足	13.13**	0.216
当下消极情感体验	母亲对子女三种需要的满足	5.21**	0.094
	父亲对子女三种需要的满足	3.30*	0.065
未来期望满意度	母亲对子女三种需要的满足	8.98**	0.151
	父亲对子女三种需要的满足	10.30**	0.178
未来积极情感体验	母亲对子女三种需要的满足	11.43**	0.185
	父亲对子女三种需要的满足	11.02**	0.188
未来消极情感体验	母亲对子女三种需要的满足	12.76**	0.202
	父亲对子女三种需要的满足	6.86**	0.126

注：**表示$p<0.01$，F为回归均方除以残差均方，R^2为决定系数

回归分析结果发现，父母对子女基本心理需要的满足水平对青少年幸福感的所有成分都有显著的预测作用。父母对子女基本心理需要的满足水平对青少年当下生活满意度的解释率分别为34%和36.5%，对当下积极情感的解释

率分别为21.6%和27%，对当下消极情感体验的解释率分别为6.5%和9.4%，对未来期望满意度的解释率分别为17.8%和15.1%，对未来积极情感的解释率分别为18.8%和18.5%，对未来消极情感的解释率分别为12.6%和20.2%。

以上结果表明父母对子女基本心理需要满足水平对青少年幸福感有重要作用。母亲对子女基本心理需要的满足程度更多影响青少年的当下幸福感以及指向未来的消极情感，父亲对子女基本需要的满足更多的影响指向未来的满意度和指向未来的积极情感。

四、讨论

本研究考察了家庭环境中，父亲和母亲对青少年基本心理需要满足与其幸福感各成分的关系。

（一）父母对子女基本心理需要满足能预测青少年的幸福感

父母对子女的关联、自主和胜任需要的满足是同时存在的，并且提供的自主和胜任需要之间存在较高的相关。

因此本研究将青少年的关联、自主和胜任需要作为整体，考察父母对青少年基本心理需要的满足对幸福感的影响。

父亲和母亲对子女基本心理需要的满足都能显著预测青少年幸福感中的当下生活满意度、当下积极情感体验、当下消极情感体验、未来期望满意度、未来积极情感体验和未来消极情感体验，该结果验证了Deci和Ryan提出的幸福感模型，即青少年从父母那里获得的基本心理需要满足是实现幸福的前提，并与已有研究结果一致（Erylmaz，2012；Sheldon & Elliot，1999；李清华，2009）。

已有研究中是将生活满意度作为幸福感的评定指标，虽然没有研究直接考察父母对子女基本心理需要与指向未来幸福感的关系，但研究发现父母亲对孩子心理需要满足所提供的支持能使子女更乐观地面对未来，对其未来取向以及未来生活期望的形成和发展都有重要作用，该结论从另一侧面验证了二者间的关系。得出这一结果的可能原因是，如果父母能为子女提供一个支持性环境，即为子女的关联、自主和胜任感提供支持，子女便可能获得基本心理需要的满足，基本心理需要得到满足则有助于产生内在动机，内在动机驱使下产生的行为能够促使个体产生更多的幸福体验。

（二）父母对子女基本心理需要的满足对指向当下和未来幸福感有不同程度影响

父亲和母亲对子女基本心理需要的满足对孩子的幸福感有重要影响，但侧重点有所不同。母亲对子女基本心理需要的满足更多影响青少年的当下幸福感以及指向未来的消极情感，而来自父亲对基本心理需要的满足更多的影响青少年对未来期望的满意度和指向未来的积极情感。该结果与父母在家庭中扮演的角色特点和家庭分工有关，母亲主要负责子女的日常生活，提供具体的呵护照顾和约束管理；与母亲相比，父亲具有较强的计划性和目的性，有助于子女建立规则、理想和价值观，扩展子女的视野，在日常生活中为其树立榜样作用。

（三）父母对子女关联需要的满足存在性别差异

父母对子女基本心理需要的满足可能受到孩子性别的影响，与男生相比，女生从母亲那里获得更多的关联需要满足。男女生所获得的来自父亲的关联需要，来自父母的自主和胜任需要没有差异。已有研究也得到基本一致的结论，女生与母亲关系更亲密，但男女生在与父亲关系的亲密程度上没有区别。

寻求关联需要是个体的一种本能，个体会寻求与照顾者的亲近，这对于男女生来说同样重要。但是在中国文化背景下，通常表现为女生与妈妈的关系比男生更亲密，但在与父亲的关系亲密程度上男女生几乎一致。该结果的可能原因是青春期阶段女生被社会期待为依赖、温柔体贴的性别角色，她们对安全感有更强烈的需求，作为女儿主要的交流对象，母亲也更善于与女儿沟通和表达自己的关爱。对于男生而言，他们被社会期待为自主、独立的性别角色，即便在儿童期与母亲关系较为亲密，进入青春期后对母亲的依赖性和亲密感降低，表现为男生从母亲那里获得的关联需要满足少于女生。

对于父亲而言，他们与儿子或女儿的关系更趋于平等，平时对子女日常生活的照料和交流少于母亲，在家庭中主要扮演保护者的角色，因此无论男生还是女生从父亲处获得的关联需要满足程度相近。父母对子女自主和胜任需要的满足不存在性别差异说明，无论是男生还是女生，父亲和母亲对他们的自主支持和胜任反馈水平相近。

五、结论

本研究以Ryan和Deci提出的自我决定理论中的基本心理需要理论为基础，以家庭环境为背景考察父母对子女的基本心理需要满足程度对其幸福感的影响，得到以下结论：

（1）父母对子女自主、关联和胜任这三种基本心理需要的满足对青少年指向当下和指向未来的幸福感有重要作用。

（2）母亲影响青少年指向当下的幸福感，而父亲对子女基本心理需要的满足更多影响青少年指向未来的幸福感。

（3）在与父母互动中，女生从母亲那里获得更多的关联需要满足，男女生从父母那里获得的自主和胜任需要的满足程度相近。

第六章

青少年幸福感对学业发展的影响

一、研究目的

积极情绪扩展建构理论提出积极情绪能够扩展人们瞬间的认知能力，也能建构持久的个人资源。已有研究重点关注青少年当下幸福感对其学校投入和学业成就的影响，本研究旨在探索加入指向未来的幸福感后，这两种不同成分的幸福感对青少年学校投入和学业成就的不同影响。

二、研究方法

（一）被试选取

选取深圳市某普通中学初中二年级学生作为调查对象，共发放问卷349份，3次测量后回收有效问卷283份，其中男生119人，女生164人，平均年龄为13.9岁。

（二）研究程序

为了考察青少年的幸福感对其一段时间后而非当前学校投入的影响，本研究为纵向研究，在T_1时间点测量被试的幸福感和学校投入，在T_2时间点再次测量被试的学校投入，在T_3时间点收集被试的期末考试成绩。其中T_1和T_2间隔3个月，T_2和T_3的时间间隔为2个月。

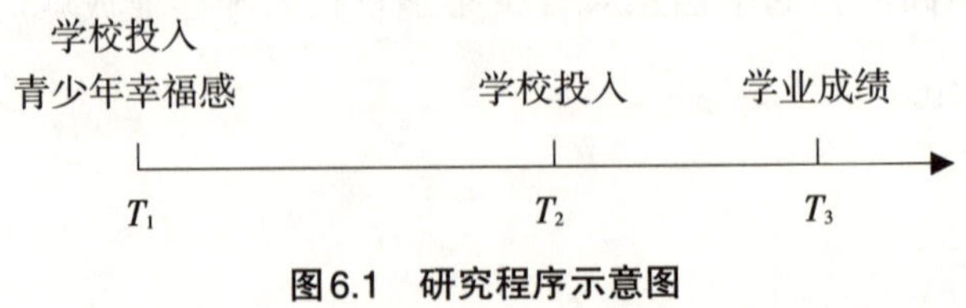

图6.1　研究程序示意图

问卷编制者在施测前对主试进行统一培训，以班级为单位施测，由班主任担任主试，当场收回问卷。

（三）测量工具

1. 青少年幸福感量表

青少年幸福感量表。采用第三章研究时自编的青少年幸福感量表，由当下生活满意度、当下积极和消极情感体验、未来期望满意度、未来积极和消极情感体验四部分组成，共有59个题目。所有题目采用5点评分，从“不符合”到“符合”，依次记为1~5分。各分量表的Cronbach's α系数在0.822~0.91之间。验证性因素分析结果表明，该问卷具有良好的结构效度。

2. 学校投入量表

采用张婵（2013）编制的《学校投入量表》，该量表包括行为投入（我设法待在家里不去上学），情感投入（课堂上我感到无聊），认知投入（如果在阅读时遇到不懂的地方，我会想办法弄懂，问别人或查字典）3个维度，共13个题目。所有题目采用5等级评定，从“不符合”到“符合”，依次记为1~5分。各维度的Cronbach's α系数为0.65~0.83。验证性因素分析结果表明该量表具有较好的结构效度。

3. 学业成绩

采用被试期末考试中语文、数学、英语成绩作为学业成绩的评定指标。

（四）统计处理

采用SPSS21.0进行数据统计分析。

三、结果与分析

（一）青少年幸福感与学校投入和学业成就的相关

为了解青少年指向当下和指向未来的幸福感与T_1和T_2时间点的学校投入及T_3时间点学业成就的关系，将被试在当下生活满意度、当下情感平衡、未来期望满意度和未来情感平衡的得分转换为Z分数，分别将当下和未来的两个分数相加，作为指向当下的幸福感和指向未来的幸福感的指标。通过相关分析对其关系加以考察，结果见表6–1和表6–2：

表6-1　青少年幸福感与学校投入的相关分析

	T_1学校投入	T_2学校投入	T_3学业成就
指向当下的幸福感	0.579**	0.528**	0.154**
指向未来的幸福感	0.502**	0.542**	0.192**

注：**表示$p < 0.01$

表6-2　青少年幸福感与学业成就的偏相关分析

	指向当下的幸福感（控制指向未来的幸福感后）	指向未来的幸福感（控制指向当下的幸福感后）
学业成就	0.005	0.117**

注：**$p < 0.01$

结果表明，青少年指向当下和指向未来的幸福感与他们在T_1和T_2时间点的学校投入以及T_3时间点的学业成就均呈显著正相关，即幸福感水平越高，其学校投入程度也越高，能够获得更好的学业成就。虽然青少年幸福感中的两种成分均与学校投入和学业成就相关，但这种相关可能是由指向当下和指向未来的幸福感之间的高相关（$r=0.783^{**}$）引起共变产生的。为了进一步比较两种取向幸福感与学业成就的关系，通过偏相关分析发现当控制了指向未来幸福感后，指向当下的幸福感与学业成就间相关不显著。两种取向的幸福感与学校投入的相关显著高于与学业成就的相关，由此推测学校投入可能在幸福感与学业成就关系中发挥中介作用。

（二）青少年指向当下和指向未来的幸福感对其学校投入的预测

鉴于指向当下和指向未来的幸福感与T_2时间点的学校投入均存在高相关，有必要探讨存在于同一个体但不同取向的幸福感对其一段时间后学校投入的影响。采用多元回归分析，控制了被试在T_1时间点的学校投入和指向当下（或指向未来）的幸福感时，考察另一种幸福感对被试在T_2时间点学校投入的预测作用。

当控制了青少年在T_1时间点指向当下（或指向未来）的幸福感和学校投入时，如果在方程2中加入指向未来（或指向当下）的幸福感后ΔR^2显著，表明增加的变量能够显著预测T_2时间点的学校投入；如果在方程2中加入指向未来（或指向当下）的幸福感后ΔR^2不显著，表明增加的变量不能显著预测T_2时间点的学校投入。青少年在T_1时间点的指向当下和指向未来的幸福感对T_2时间点的学校投入的预测结果见表6–3：

表6-3　青少年幸福感与学校投入关系的回归分析

	B	β	F	R^2	$\triangle R^2$
方程组1					
方程1					
T_1学校投入	0.646	0.675	174.636**	0.582	
指向当下的幸福感	0.600	0.138			
方程2					
T_1学校投入	0.625	0.653	128.019**	0.606	0.024**
指向当下的幸福感	−0.208	−0.048			
指向未来的幸福感	1.078	0.252			
方程组2					
方程1					
T_1学校投入	0.614	0.642	192.172**	0.605	
指向未来的幸福感	0.942	0.220			
方程2					
T_1学校投入	0.625	0.653	128.019**	0.606	0.001
指向未来的幸福感	1.078	0.252			
指向当下的幸福感	−0.208	−0.048			

注：$^{**}p < 0.01$，B是各方程的非标准化回归系数，β是各方程的标准化回归系数，F是回归均方除以残差均方，R^2是决定系数，ΔR^2是增加变量后决定系数的变化。

上述两个方程组将T_2时间点测量的学校投入作为因变量，根据方程1和方程2中决定系数的变化，以$\triangle R^2$来评定方程2中增加的自变量对因变量的解释率和显著性。对于方程组1来说，首先将T_1时间点测量的学校投入和指向当下的幸福感作为自变量纳入回归方程，T_1时间点的学校投入和指向当下的幸福感显著预测T_2时间点的学校投入（F（2，251）=174.636，$p<0.01$），自变量能够解释因变量58.2%的变异。当把指向未来的幸福感作为自变量纳入方程后，所有自变量对因变量的解释率为60.6%。因为$\triangle R^2=0.024$，$p<0.01$，表明当控制了被试在T_1时间点的学校投入和指向当下的幸福感后，指向未来的幸福感可以显著预测他们在T_2时间点的学校投入。

对于方程组2来说，首先将T_1时间点测量的学校投入和指向未来的幸福感作为自变量纳入回归方程，T_1时间点的学校投入和指向未来的幸福感显著预测T_2时间点的学校投入（F（2，251）=192.172，$p<0.01$），自变量能够解释因变量60.5%的变异。当把指向当下的幸福感作为自变量纳入方程后，所有自变量对因变量的解释率为60.6%。因为$\triangle R^2=0.001$，$p>0.05$，表明当控制了被试在T_1时间点的学校投入和指向未来的幸福感后，指向当下的幸福感不能预测他们在T_2时间点的学校投入。

（三）青少年指向未来的幸福感影响学业成就的作用机制——学校投入的中介作用

当控制了青少年在T_1时间点的学校投入和指向未来的幸福感后，他们在T_1时间点上指向当下的幸福感未能预测其T_2时间点的学校投入，不符合中介效应检验的条件。当控制了相关变量后，被试在T_1时间点指向未来的幸福感仍能显著预测T_2时间点的学校投入，并且它与学业成就间呈显著正相关，符合中介效应的检验条件。

为了探析学校投入在指向未来的幸福感和学业成就关系的作用机制，将学校投入作为中介变量，指向未来的幸福感作为预测变量，学业成就作为因变量进行中介效应分析，结果见表6–4：

表6–4　学校投入在幸福感预测学业成就中的中介效应

步骤		因变量	自变量（含中介）	B	β	F	R^2
1	（c）	学业成就	指向未来的幸福感	0.097	0.192^{**}	11.848^{**}	0.034
2	（a）	学校投入	指向未来的幸福感	2.343	0.542^{***}	116.571^{***}	0.291
3	（b）	学业成就	学校投入（中介）	0.038	0.312^{***}	16.931^{***}	0.102

续表

步骤		因变量	自变量（含中介）	B	β	F	R^2
	（c’）		指向未来的幸福感	0.016	0.03		

注：**表示 $p < 0.01$，B 代表各方程的非标准化回归系数，β 为各方程的标准化回归系数，F 回归均方除以残差均方，R^2 为校正后的决定系数。

由表6-4可知，学校投入在指向未来的幸福感对学业成就的预测中发挥完全中介作用，即个体指向未来的幸福感是通过其学校投入影响学业成就，中介效应解释了因变量6.8%的方差变异。路径模型见图6-2所示：

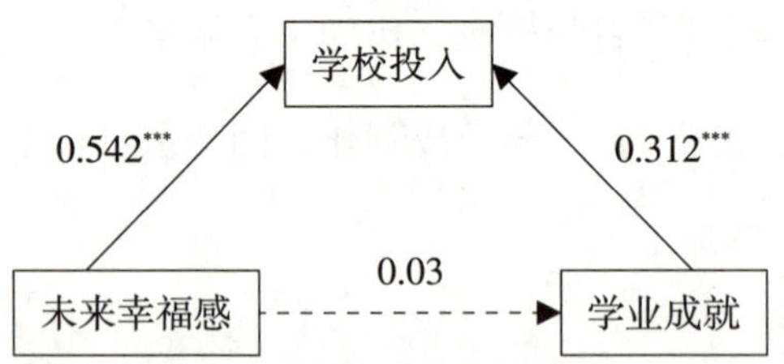

图6-2　学校投入在指向未来幸福感预测学业成就中的中介路径（标准化估计）

采用Bootstrap法检验学校投入在青少年指向未来的幸福感与学业成就之间关系的中介作用。从容量为283的原始数据中，有放回地抽取5000次，计算95%的置信区间，中介检验结果不包含0（LLCI=0.0492，ULCI=0.1303），表明学校投入的中介效应显著，且中介效应大小为0.0878。当控制了中介变量学校投入后，自变量指向未来的幸福感对因变量学业成就的影响不显著，区间范围包含0（LLCI=−0.0531，ULCI=0.0845）。因此，学校投入在指向未来的幸福感与学业成就之间发挥完全中介作用。

四、讨论

（一）青少年幸福感中指向未来的幸福感对学校投入和学业成就更具预测作用

青少年指向当下和未来的幸福感对前后两个时间点的学校投入有不同的影响，具体表现为以下两个方面：首先，在T_1时间点测量了学校投入和幸福感，在T_2和T_3时间点分别测量了学校投入和学业成就，结果显示青少年指向当下和未来的幸福感与这两个时间点的学校投入均呈显著正相关。这与积极情绪的扩展建构理论内容相符，即青少年两种不同成分的幸福感对当前和未来一段时间的学校投入程度有积极影响。采用偏相关进一步考察指向当下和未来幸福感与学业成就的关系，验证了指向未来的幸福感与学业成就的关联程度更高。

其次，探讨了青少年幸福感的不同成分对其学校投入的预测作用。以往关于青少年幸福感与学校投入关系的研究发现，指向当下的幸福感和指向未来的心理构念都能显著预测学校投入（Damon et al.，2003；Horstmanshof & Zimitat，2007；Lewis，Huebner，Reschley，& Valois，2009；Lewis，Huebner，Malone，& Valois，2011；Padilla-Walker et al.，2011；Schmid，Phelps，& Lerner，2011；Schmid et al.，2011），而本研究则发现个体指向当下的幸福感对T_2时间点的学校投入预测作用不显著，但指向未来的幸福感能显著预测T_2时间点的学校投入。出现这一结果的可能原因是已有研究多以生活满意度作为评价指标，将幸福感作为整体考察，而未将其成分加以区分。在未控制任何变量时，个体在T_1时间点指向当下和指向未来的幸福感都能显著预测他们在T_2时间点的学校投入；若控制了其中一种幸福感，只有T_1时间点指向未来的幸福感能显著预测T_2时间点的学校投入。这一结果验证了指向当下和指向未来的幸福感是不同的心理构念，青少年幸福感中指向未来的成分能够更好地预测以后的学校投入。

（二）学校投入在青少年指向未来的幸福感和学业成就之间的中介作用

鉴于青少年指向未来的幸福感对学校投入的预测作用显著，需要深入探析指向未来的幸福感影响学业成就的作用机制。研究结果表明，青少年的学校投入在指向未来的幸福感与学业成就关系中具有完全中介作用，即青少年指向未来的幸福感完全通过个体在学校生活中的行为、认知和情感投入影响其学业成就。指向未来的幸福感对学业成就的直接解释率为3.4%，通过学校投入对学业成就的解释率为10.2%，即学校投入作为中介变量对因变量的解释率为6.8%。

以往关于希望和未来取向等具有指向未来含义的心理构念是否影响学业成就的研究结论存在争议。一些研究者认为指向未来含义的心理构念能够预测学业成就，表现为乐观、对未来充满希望和持有积极态度的青少年，他们也拥有较好的学业成绩（Ayyash-Abdo & Sánchez-Ruiz，2012；Bowles，2008；EI-Anzi，2005；González，Rinaudo，Paoloni，& Donolo，2012；Mello，Finan，& Worrell，2013；Snyder，Shorey，Cheavens，Pulvers，Adams，& Wiklund，2002）。但也有一些研究结果未能支持该结论，认为这些具有指向未来含义的心理构念不能单独预测青少年的学业成就（Caraway，Tucker，Reinke，& Hall，2003；Yowell，2000；Yowell，2002）。本研究结果有利于解释这一分歧，因为指向未来的幸福感具有一定的动机功能，动机只有作用于具体的投入行为时才能促进目标实现，倘若缺少了投入行为，这种指向未来的幸福感则成为了空想。

五、结论

基于积极情绪的扩展建构理论，本研究考察了青少年幸福感中指向当下和指向未来这两种不同成分对其学业发展的影响，结论如下：

（1）当同时考虑指向当下和未来的幸福感对学校投入的影响时，只有指向未来的幸福感能够显著预测其学校投入。

（2）学校投入在青少年指向未来的幸福感和学业成就之间发挥完全中介作用，指向未来的幸福感通过学校投入影响个体的学业成就。

第七章

总讨论

什么是幸福？心理学家们从不同视角出发给出了不同的答案。Diener认为可以用生活满意度和情感体验代表幸福，即幸福是对生活的满意，以及在生活中拥有较多的积极情感和较少的消极情感；Ryff从实现论视角探索幸福感，她认为幸福是客观的，是不以自己主观意志为转移的自我完善、自我实现和自我成就，是自我潜能的完美实现；Seligman认为幸福并非是一种真实的存在，它由积极情绪、投入、意义、成就、人际关系构建而成，每个元素都能促进却不能单独定义幸福；Ben-Shahar将幸福定义为快乐与意义的结合，快乐指向当下的利益，是现在的美好时光，意义来自目的，指向未来的利益；Ryan和Deci认为每个个体都存在关联、自主和胜任的需要，当基本心理需要得到满足时就会朝向健康和最佳选择的道路发展，并且能体验到一种切实存在的完整感和因理性或积极生活而带来的幸福感。

幸福感领域的研究包括以快乐论和实现论为哲学基础的两种取向。从幸福感的定义中可以看出，快乐论认为幸福是一种快乐的体验，它将幸福界定为获得快乐和避免痛苦。实现论认为幸福不仅是快乐，还应包含意义和自我实现，它将幸福界定为个体自我完善自我潜能实现的程度。快乐属于幸福，但幸福不能归结为快乐，幸福既包括当下的快乐还有对未来目标和未来意义的追寻。实现论是快乐论的延伸，幸福对于不同年龄阶段的个体代表的意义不同。儿童期的延迟满足到青少年期未来取向的实现，表现出的是快乐论到实现论的过渡。

不同年龄阶段个体幸福的来源不尽相同。对于老年人来说，产生幸福体验更多的是来自“舒服”；对于年轻人来说，只要有奔头，即使遭罪也觉得幸福。已有理论和实证研究也佐证了这一观点，社会情绪选择理论指出青少年具有未来导向的目标，而老年人具有现时导向的目标。实证研究还发现，青少年和年轻人对目标的追寻能够促进他们的幸福感，而在中年人群体中，二者则存在相反的关系。由此推测，对于不同年龄阶段的个体来说，他们幸福感的成分不同，青少年幸福感除了来自对当下生活的满意和快乐，还体现在对未来的希望和朝向未来目标热情奔跑的过程中。

目前青少年幸福感研究中普遍采用的是成人幸福感的理论模型，包括认知评价（生活满意度）和情感体验（积极情感和消极情感），但是这种做法没有充分考虑到幸福感模型的发展性特征。对于不同年龄阶段的个体来说，他们的幸福感可能具有不同结构。第三章和第四章的研究旨在以已有幸福感的理论和测量模型为基础，结合青少年指向未来的特点，摸索符合青少年发展特点的幸福感结构并编制量表，进而了解青少年幸福感的发展变化趋势。第五章和第六章分别以自我决定理论和积极情绪的扩展建构理论为基础，探索青少年幸福感的家庭影响因素及对青少年学业发展的影响。

一、构建青少年幸福感模型

已有青少年幸福感的测量工具多采用成人幸福感模

型，认为幸福包括认知评价和情感体验。本文作者认为青少年幸福感具有指向未来的特点，青少年幸福感由内容和时间两个维度构成，其中内容维度包括认知评价和情感体验，时间维度包括当下和未来，两个维度交叉形成当下生活满意度和当下情感体验、未来期望满意度和未来情感体验的2×2组合。该模型结构与Ben-Shahar提出的幸福感模型一致，即幸福来自当下利益和未来利益的整合。对于年轻人来说，未来利益对他们的幸福体验尤为重要，该模型适合描述青少年的幸福感。

本研究证实了青少年的当下幸福感和未来幸福感是两种不同的成分，将未来幸福感纳入青少年幸福感具有合理性。以下四方面证据表明有必要将青少年指向当下和指向未来的幸福感加以区分：第一，根据青少年在当下和未来幸福感的得分将其划分为不同类型，具有每种类型特征的初中生均占有一定的比例。从满意度的类型划分上看，青少年中39.7%是平衡型，9.6%是未来型，35.1%是问题型，15.6%是当下型；从情感体验的类型划分上看，青少年中43.2%是平衡型，10.3%是未来型，37.6%是问题型，8.9%是当下型。第二，不同幸福感类型的青少年在生活目标、个人成长以及积极的人际关系方面的得分也存在一定的差异，平衡型最好，问题型最差，未来型优于或相近于当下型。第三，青少年指向未来的幸福感与具有未来含义的关联指标（生活目标、个人成长）相关更高，指向当下的幸福感则与具有当下含义的关联指标（积极的人际关系）相关更高。第四，青少年指向未来的幸福感能够预测3个月的学校投入水平，但指向当下的幸福感则不具有显著预测作用，即青少年指向未来的幸福感对以后的学校投入水平有更重要的影响。

二、青少年幸福感的发展变化趋势

由于以往研究采用的是指向当下的幸福感来考察青少年幸福感发展趋势和性别特点，本文的第二个研究选取5~11年级学生进行横断研究，重新考察青少年幸福感各成分的性别差异和发展趋势，得到了和以往研究相近的结果，即随着年级的升高，青少年幸福感整体呈现下降趋势，人口学变量对幸福感的影响有限。

在本研究中具体表现为小学高年级学生的幸福感水平最高，进入初中后他们对当前生活的满意度下降，认为未来实现各种目标的可能性也降低，积极情感越来越少，消极情感越来越多，直至高中阶段基本保持稳定。青少年阶段幸福感水平整体下降主要受到学业压力增加、自主空间缩小、来自未来的挑战增多以及外部评价标准提高等因素的影响。

青少年幸福感水平整体呈现下降趋势，但以初中阶段的变化最为突出。产生该结果的一种可能是青春期个体受到心理发展和所处环境改变等共性特征的影响。从心理发展角度来看，初中生具有冲动性高、自我控制能力差以及感觉寻求水平高的特点，这些因素都对幸福感有负面影响。从环境变化的角度来看，小学升入初中后学业压力增大，课程内容增多，导致幸福感有所下降。虽然高中阶段面临更加繁重的学业负担，但和初中阶段较强的约束限制相比，进入高中后拥有更大的自主空间，因此幸福感水平保持稳定。

产生该结果的另一种可能是受到样本所在地区的教育现状和政策的影响。本研究样本来自深圳市某普通初中和高中，由于深圳地区外来人口所占比例较高，按常住人口进行配置的教育资源不足，导致该地区学生进入普通高中的升学率较低，进而使初中生面临的更大的升学压力，这种凸显的压力致使学生在初中时的幸福感水平有明显的下降，进入高中后幸福感水平基本趋于稳定。

三、基本心理需要满足对青少年幸福感的影响

为了更好地促进青少年幸福感发展，本研究的第三部分考察了父母对子女基本心理需要的满足对子女当下和未来幸福感的影响。以往关于心理需要满足与幸福感关系的研究考察的是青少年整体心理需要满足与他们幸福感的关系，但个体与环境的相互作用对二者关系也有重要影响，鉴于亲子关系对青少年发展的重要性，本研究从家庭视角出发，编制家庭环境中青少年基本心理需要满足量表，从客观角度回答父亲和母亲对子女基本心理需要的满足能否影响他们当下和未来的幸福感。

研究结果发现，父母对子女三种基本心理需要的满足程度能显著预测青少年指向当下和指向未来的幸福感，该结果验证了Deci和Ryan提出的幸福感模型，即关联、自主和胜任需要的满足是实现幸福感的前提条件。该结果也

强调了家庭对子女基本需要的满足对其成长的重要性，在支持性环境中他们的关联、自主和胜任需要更容易获得满足，更可能产生受内在动机驱动的行为，进而更容易体验到幸福感。

父亲和母亲对子女基本心理需要的满足对青少年当下和未来幸福感有不同影响，母亲对子女基本心理需要的满足更多影响青少年的当下幸福感以及指向未来的消极情感，来自父亲对基本心理需要的满足更多的影响青少年对未来期望的满意度和指向未来的积极情感。虽然父亲和母亲对子女幸福影响的侧重点不同，但都对青少年幸福感有重要影响。该结果与父母在家庭中扮演的角色特点和家庭分工有关，母亲主要负责子女的日常生活，提供具体的呵护照顾和约束管理；和母亲相比，父亲具有更强的计划性和目的性，有助于子女建立规则、理想和价值观，能够帮助子女开拓成人圈子，扩展子女的视野以及在日常生活中为其树立榜样作用。因此，应在家庭养育中强调父亲的作用，进而促进青少年未来幸福感的发展。

由于父母对男孩和女孩在不同方面的关注程度不同，母亲可能会为女孩的关联需要提供更多的支持。本研究结果支持了该假设，发现与男生相比，女生会从母亲那里获得更多的关联需要满足；而来自父亲的关联需要以及来自父母的自主和胜任需要对男女生来说没有区别。在日常生活中我们可以发现女生与母亲的关系更亲密，母亲也更善于与女儿沟通和表达自己的关爱；对于男生来说，即便在儿童期与母亲关系较为亲密，但进入青春期后则表现出更多的独立性和叛逆性，与母亲的沟通交流较少。对于父亲而言，他们在家庭中主要扮演保护者的角色，平时对子女日常生活的照料和交流要少于母亲，与子女的关系趋于平等，因此无论是男生还是女生从父亲那里获得的关联需要满足程度都是相近的。父母对子女自主和胜任需要满足不存在性别差异，说明无论是男生还是女生，父亲和母亲对他们的自主支持和能力反馈水平都是相近的。

四、青少年幸福感对学业发展的作用

基于积极情绪的扩展建构理论，幸福体验不仅能扩展个体瞬间的思维活动范围，也有助于个体建构相对持久的身体、智力、心理和社会资源。为了进一步验证该理论模型，本研究的第四部分旨在考察青少年的幸福感体验能否影响其学校投入和学业成就，及当下幸福感和未来幸福感是否对学校投入有不同的预测作用。

研究者在T_1时间点测量了学生的学校投入和幸福感，在T_2时间点测量了学校投入，结果发现青少年的当下幸福感和未来幸福感与学校投入之间存在不同程度的关联。当下幸福感与T_1的学校投入相关更密切，而未来幸福感与T_1的学校投入相关较弱，但与T_2的学校投入相关更密切。虽然当下幸福感和未来幸福感与不同时间点的学校投入存在不同程度的相关，但二者之间显著的相关也体现了幸福感对当前和未来的学校投入都有积极作用，即验证了积极情绪的扩展建构理论。由于当下幸福感偏向于当前的状态，因此当下幸福感会与同一时间点的学校投入水平存在更高程度的相关；而未来幸福感具有动机功能，这些动机有助于成为个体实现目标的推动力，促使其在未来生活中产生更多的投入行为，表现为未来幸福感与3个月后的学校投入相关更高。

在幸福感对学校投入的预测方面，已有研究认为当下和指向未来的心理构念能够对学校投入都有显著的预测作用。但本研究发现了超越常识的研究结果，即当下幸福感不能预测T_2的学校投入，而未来幸福感能够预测T_2的学校投入。出现这一结果的可能原因在于以往研究中只是单独考察当下幸福感对学校投入的影响，没有同时考虑未来幸福感的作用。该结果进一步验证了当下幸福感和未来幸福感是不同的心理构念，青少年幸福感中指向未来的成分对以后的学校投入水平有更好的预测力。

青少年指向未来的幸福感能够预测他们3个月后的学校投入，但在以往关于未来取向、希望等具有指向未来含义的心理成分能否影响学业成就方面存在一定的争议。本研究发现，青少年的学校投入水平在指向未来幸福感与学业成就关系中发挥完全中介作用，即青少年的未来幸福感完全通过学校投入影响他们的学业成就。该结果有利于解释指向未来的心理构念与其学业成就之间关系的争议。指向未来的幸福感包含了动机功能，动机只有作用于具体的投入行为时才能促进目标实现，如果没有投入行为，这种指向未来的幸福感则成为了空想。

五、研究不足

本研究从青少年具有目标导向发展特点出发，构建了青少年幸福感模型，并以已有幸福感和具有指向未来含义的理论和测量模型为基础，编制了青少年幸福感量表，在此基础上探讨了青少年幸福感的发展特点、影响因素及其对学业发展产生的作用。本研究具有一定的理论价值和实践意义，但仍存在以下两点不足：

从研究对象选取上看，缺乏一定的完整性和同质性。本研究被试来自深圳市3所学校，分别是小学5年级、初中7~9年级和高中10~11年级。在青少年幸福感的发展变化趋势研究中需要对不同年龄阶段个体进行比较，因此应考虑到样本同质的重要性。本研究选择的是教学质量相近、对口升学的公立学校，但与小学初中9年制学校相比，仍存在一定的差异。为了完整把握青少年幸福感的发展变化趋势，也应将高三年级学生纳入研究，由于该阶段面临高考压力，幸福感水平可能存在显著下降。在未来的研究中也应选取其他地区的青少年作为研究对象，使研究结果更具说服力。

从研究内容上看，第一，本研究探讨了家庭环境中父母对子女基本心理需要满足对青少年幸福感的影响，但青少年在学校的时间更长，未来研究应继续考察来自学校和课堂环境中的基本心理需要满足对其幸福感的影响。第二，本研究采用横断研究考察青少年幸福感的发展变化，但缺少纵向追踪研究进一步了解当下幸福感和未来幸福感在一段时间内的波动，未来研究应对两种不同成分的幸福感进行比较。第三，研究中只选择了性别作为人口统计学指标进行分析，在未来研究中应增加更多人口统计学变量，全面考察这些因素与青少年幸福感之间的关系。

六、对教育实践的启示

（一）学校教育

当前教育普遍存在青少年幸福感水平随着年级的升高而逐渐降低的现象。教育应具有增进学生幸福体验的功能，即在学习中获得快乐，但实际情况则是教育在减弱学生的幸福感。因此，在未来的教育实践中需关注学生的幸福感体验，构建能够提升青少年幸福感的生态环境，在教学中融入增进幸福感元素。

1. 构建幸福校园

（1）创建以幸福为核心的校园文化

校园文化是学校所具有特定的人文环境和文化氛围，

健康向上、丰富多彩的校园文化能够有效提升学生的幸福感水平，积极推动学生品格优势的形成。建议学校开展形式多样的校园文化活动，学校可通过评选幸福教师、具有突出积极品格优势学生等活动，将幸福感融入校园文化。

（2）组织学生社团活动

学校应充分引导学生课余文化生活，鼓励学生自主组织兴趣小组或社团，设定切实可行的行动计划，选派相关专业、经验丰富的教师负责指导。同时为学生组织活动提供必要的时间和空间支持，提供展示和发展的平台。这样，学生就更容易投入到这些自主选择、具有结构化特点和挑战性的社团活动中，获得基本心理需要的满足，提升幸福感体验，促进积极发展。

（3）提升教师的幸福体验

教师作为学校中的重要主体之一，也需要切实提升幸福感。学校应鼓励教师自发组织俱乐部活动，并尽可能地给予经费、场地等物质条件保障。也可以通过营造教师轻松的业务工作氛围来缓解工作压力，提升幸福感体验，例如：分批次组织教师去附近公园、绿地等休闲场所组织集体备课等活动。

（4）开设家校协作和家长教育

学生的成长与他们的抚养者以及所处环境密切相关，抚养者的养育观念直接影响学生的人生观和价值观养成。学校应加强与家长的沟通联系，通过深入交流向家长传递塑造子女品格优势、促进积极发展的理念，逐步改变家长的培养理念和方式。还可以通过组织学校开放日，邀请家长参与学校教育的每一环节，让家长身临其境地感受幸福校园建设成果，推动家长将理论应用到家庭教育的实践中去，最终实现幸福感教育的家校协作。

2. 创设幸福课堂

（1）改革自主课堂

学校和课堂是学生生活的核心成分，如果学生在课堂学习过程中的幸福体验缺失，就会使下课、放学成为他们对快乐的期盼，也就丧失了幸福教育的根本。教师的自主支持行为影响学生关联、自主和胜任需要的满足，进而影响学生的学习动机水平和幸福感体验。在以自主支持为核心特征的课堂中，教师能够重视学生的自主发展，给学生提供自主的空间，鼓励他们表达自己的看法，同时给予及时的反馈。通过积极参与课堂教学，学生能在自主学习中发现、探究、建构和生成，将学习内化为一种需求和渴望。因此，学校应改革课堂形式，逐步树立自主支持在课堂上的核心地位。

（2）开展快乐教育和生涯教育

随着年级的升高，青少年幸福感整体呈下降趋势，应通过改善课堂教学质量实现青少年幸福感水平的有效提升。快乐教育可以帮助具有“未来型”和“问题型”幸福感的青少年享受当下，关注过程的重要性。生涯教育则有助于倡导具有“当下型”和“问题型”幸福感的青少年科学规划未来，在学习生活中形成指向未来的时间观，根据自身特点和需要设定合理的目标，尽可能整合有效的方法去实现目标。因此，建议教育工作者将快乐教育和生涯教育有效融入课堂教学活动中，切实增强青少年的幸福感体验。

（二）家庭教育

青少年幸福的前提是关联、自主和胜任三种基本心理需要的满足。父母为子女基本心理需要提供的支持有助于青少年产生更高水平的内在动机，从而促进幸福感的发展。父母应通过营造和谐美满的家庭氛围为家庭教育创造有利环境，同时尽可能满足青少年在生理、安全感、归属感等方面的合理需要。父母与子女建立良好的亲子沟通，为子女提供自主选择的机会和发展空间，在他们需要帮助时尽可能提供无条件支持，并经常对子女表现好的行为给予积极反馈，也都能有助于青少年关联、自主、胜任需要的满足。

父亲和母亲双方对子女基本心理需要的满足，对青少年幸福感都有重要影响。鉴于与母亲相比，父亲对子女的需要满足主要影响指向未来的幸福感，因此建议父亲积极参与子女的成长，在亲子互动中充分发挥他们自身具有的计划性和目的性特征，促进子女指向未来幸福感的发展。

第八章
总结论

（1）青少年幸福感是由内容和时间两个维度构成，其中内容维度包括认知评价和情感体验，时间维度包括当下和未来，两个维度交叉形成了当下生活满意度、当下情感体验、未来期望满意度和未来情感体验4个成分，该模型适合描述青少年幸福感。

（2）基于上述模型编制的青少年幸福感量表具有较好的信效度。

（3）在5~11年级之间，青少年幸福感水平整体呈下降趋势，其中以初中阶段认知满意度和积极情感水平的下降、消极情感水平的升高最为突出。

（4）除9年级学生中的部分幸福感成分，多数年级学生的幸福感不存在显著的性别差异。

（5）父母对子女三种基本心理需要的满足程度能显著预测青少年指向当下和指向未来的幸福感；母亲对子女基本心理需要的满足程度更多影响青少年指向当下的幸福感以及指向未来的消极情感，父亲对子女基本心理需要的满足更多影响青少年未来期望满意度和指向未来的积极情感。这表明母亲的教养方式特征更多影响青少年指向当下的幸福感，而父亲的教养方式特征更多影响青少年指向未来的幸福感。

（6）间隔3个月的追踪研究发现：①与青少年在T_1的未来幸福感相比，他们在T_1的当下幸福感与T_1的学校投入相关更为密切，但T_1的当下幸福感并不能显著预测T_2的学校投入；②与青少年在T_1的当下幸福感相比，他们在T_1的未来幸福感虽然与T_1的学校投入相关较弱，但T_1的未来幸福感能显著预测T_2的学校投入；③青少年在T_1的未来幸福感完全通过T_2的学校投入影响T_3的学业成就。上述结果表明指向未来的幸福感更有利于促进青少年未来的学校投入和学业成就。以往关于青少年幸福感能否影响其学业成就的研究结论不一致，本研究建立的幸福感模型有助于解释这一分歧，青少年幸福感中指向未来的成分对学业发展有更好的预测。

本研究通过一系列证据表明，成年人的幸福感模型并不完全适合描述青少年的幸福感结构，相对于当下的快乐和满足，朝向未来的乐观和希望对青少年有独特的意义，青少年幸福感领域的研究应对青少年幸福感中指向未来的成分给予进一步的重视。

参考文献

［1］ Adelman, H. S., Taylor, L., & Nelson, P. Minors' dissatisfaction with their life circumstances ［J］. Child Psychiatry and Human Development, 1989 (2).

［2］ Argyle, M., Martin, M., & Crossland, J. Happiness as a function of personality and social encounters. In J. P. Forgas, & J. M. Innes (Eds.). Recent advances in social psychology: An international perspective ［J］. Amsterdam: North Holland, Elsevier Science, 1989.

［3］ Ayyash- Abdo, H., & Sánchez- Ruiz, M. - J. Subjective wellbeing and its relationship with academic achievement and multilinguality among Lebanese university students ［J］. International Journal of Psychology, 2012

(3).

[4] Baard, P. P., Deci, E. L., & Ryan, R. M. Intrinsic need satisfaction: A motivational basis of performance and well-being in two work settings [J]. Journal of Applied Social Psychology, 2004 (10).

[5] Barber, L. K., Munz, D. C., Bagsby, P. G., & Grawitch, M. J. When does time perspective matter? Self-control as a moderator between time perspective academic achievement [J]. Personality and Individual Differences, 2009 (2).

[6] Bradburn, N. M. The structure of psychological well-being [M]. Oxford, England: Aldine, 1969.

[7] Bronk, K. C., Hill, P. L., Lapsley, D. K., Talib, T. L., & Finch, H. Purpose, hope, and life satisfaction in three age group [J]. The Journal of Positive Psychology, 2009 (6).

[8] Bowles, T. The relationship of time orientation with perceived academic performance and preparation for assessment in adolescents [J]. Educational Psychology, 2008 (2).

[9] Bundick, M., Andrews, M., Jones, A., Mariano, J. M., Bronk, K. C., & Damon, W. Revised youth purpose survey [M]. Stanford, CA: Unpublished instrument, Stanford Center on Adolescence, 2006.

[10] Campbell, A. Subjective measures of well-being [J]. American Psychologist, 1976 (2).

[11] Caraway, K., Tucker, C. M., Reinke, W. M., & Hall, C. Self-efficacy, goal orientation, and fear of failure as predictors of school engagement in high school students [J]. Psychology in the Schools. 2003 (4).

[12] Carstensen, L. L. Age-related changes in social activity. In L. L. Carstensen & B. A. Edelstein (Eds.) [J]. Handbook of clinical gerontology. Elmsford, NY: Pergamon Press, 1987.

[13] Carstensen, L. L. Socioemotional selectivity theory: Social activity in life-span context [J]. Annual Review of Gerontology and Geriatrics, 1991 (17).

[14] Carstensen, L. L. Social and emotional patterns in adulthood: Support for socioemotional selectivity theory [J]. Psychology and Aging, 1992 (3).

[15] Carstensen, L. L., Isaacowitz, D. M., & Charles, S. T. Taking time seriously: A theory of socio-emotional selectivity [J]. American Psychologist, 1999 (3).

[16] Carver, C. S., & Scheier, M. F. Autonomy and self-regulation [J]. Psychological Inquiry, 2000 (4).

[17] Casas, F., Alsinet, F., Rossich, M., Huebner, E. S., & Laughlin, J. Cross-cultural investigation of the Multidimensional Students' Life Satisfaction Scale with Spanish adolescents. In F. Casas and C. Saurina (Eds.). Proceedings of the Ⅲ Conference of International Quality of Life Studies [M]. Girona, Spain: University of Girona Press, 2001.

[18] Chang, L., McBride-Chang, C., Stewart, S. M., & Au, E. Life satisfaction, self-concept, and family relations in Chinese adolescents and children [J]. International Journal of Behavioral Development, 2003 (2).

[19] Chirkov, V. L., & Ryan, R. M. Parent and teacher autonomy-support in Russian and US adolescents [J]. Journal of Cross-Cultural Psychology, 2001 (5).

[20] Csikszentmihalyi, M. Beyond boredom and anxiety: The experience of play in work and games [M]. San Francisco, CA: Jossey-Bass, 1975.

[21] Cummins, R. A. Comprehensive Quality of Life Scale- School Version (Grades 7- 12) (5th ed.) [M]. Melbourne, Australia: School of Psychology, Deakin University, 1997.

[22] Damon, W., Menon, J., & Bronk, K.C. The development of purpose during adolescence [J]. Applied Developmental Science, 2003 (3).

[23] Day, L., Hanson, K., Maltby, J., Proctor, C., & Wood, A. Hope uniquely predicts objective academic achievement above intelligence, personality, and previous academic achievement [J]. Journal of Research in Personality, 2010 (4).

[24] Deci, E. L., & Ryan, R. M. Intrinsic motivation and self-determination in human behavior [M]. New York: Plenum, 1985.

[25] Deci, E. L., & Ryan, R. M. The "what" and "why" of goal pursuits: Human needs and the self-deter-

mination of behavior [J]. Psychological Inquiry, 2000 (4).

[26] Dew, T., & Huebner, E. S. Adolescents' perceived quality of life: An exploratory investigation [J]. Journal of School Psychology, 1994 (2).

[27] Diener, E. Subjective well-being [J]. Psychological Bulletin. 1984 (3).

[28] Diener, E., Emmons, R. A., Larsen, R. J., & Griffin, S. The Satisfaction with Life Scale [J]. Journal of Personality Assessment, 1985 (1).

[29] Dubow, E. F., Amett, M., Smith, K., & Ippolito, M. F. Predictors of future expectations of inner-city children: A 9-month prospective study [J]. Journal of Early Adolescence, 2001 (1).

[30] Ebner, N. C., Freund, A., M., & Baltes, P. B. Developmental changes in personal goal orientation from young to late adulthood: From striving for gains to maintenance and prevention of losses [J]. Psychology and Aging, 2006 (4).

[31] EI-Anzi, F. O. Academic achievement and its

relationship with anxiety, self-esteem, optimism, and pessimism in kuwaiti students [J]. Social Behavior and Personality, 2005 (1).

[32] Eryilmaz, A. A model for subjective well-being in adolescence: Need satisfaction and reasons for living [J]. Social Indicators Research, 2012 (3).

[33] Ferguson, Y. L., & Kasser, T. Differences in life satisfaction and school satisfaction among adolescents from three nations: The role of perceived autonomy support [J]. Journal of research on adolescence, 2011 (3).

[34] Fazio, A. F. A concurrent validational study of the NCHS general well-being schedule [J]. Vital and Health Statistics, 1977 (73).

[35] Fred, B. B, & Jamie, A. C. Distinguishing hope and optimism: two sides of a coin, or two separate coin [J]. Journal of Social and Clinical Psychology, 2004 (2).

[36] Fredericks, J. A., Blumenfeld, P. C., & Paris, A. H. School engagement: Potential of the concept, state of the evidence [J]. Review of Educational Re-

search, 2004 (1).

[37] Fredrickson, B.L. The role of positive emotions in positive psychology. The broaden-and-build theory of positive emotions [J]. American Psychologist, 2001 (3).

[38] Frisch, M. B., Clark, M. P., Rouse, S. V., Rudd, M. D., Paweleck, J. K., Greenstone, A., et al. Predictive and treatment validity of life satisfaction and the quality of life inventory [J]. Assessment, 2005 (1).

[39] Gagné, M. The role of autonomy support and autonomy orientation in prosocial behavior engagement [J]. Motivation and Emotion, 2003 (3).

[40] Gagné, M., Ryan, R. M., & Bargmann, K. Autonomy support and need satisfaction in the motivation and well-being of gymnasts [J]. Journal of Applied Sport Psychology, 2003 (4).

[41] Gilman, R., & Huebner, E. S. Characteristics of adolescents who report very high life satisfaction [J]. Journal of Youth and Adolescence, 2006 (3).

[42] González, A., Rinaudo, C., Paoloni, V., &

Donolo, D. Achievement goals, anxiety, hope, and performance in the spanish language classroom in secondary education: A structural model [J]. Infancia y Aprendizaje, 2012 (4).

[43] Greenspoon, P. J., & Saklofske, D. H. Validity and reliability of the Multidimensional Students' Life Satisfaction Scale with Canadian children [J]. Journal of Psychoeducational Assessment, 1997 (2).

[44] Helaire, L. J. My future, my present: Exploring general and domain specific future orientation impact on classroom engagement, educational utility and grade for middle school students [M]. Unpublished doctoral dissertation, University of Michigan, 2006.

[45] Horstmanshof, L., & Zimitat, C. Future time orientation predicts academic engagement among first-year university students [J]. British Journal of Educational Psychology, 2007 (3).

[46] Huebner, E. S. Correlates of life satisfaction in children [J]. School Psychology Quarterly, 1991 (2).

[47] Huebner, E. S., & Alderman, G. L. Conver-

gent and discriminant validation of a children' s life satisfaction scale: Its relationship to self- and teacher-reported psychological problems and school functioning [J]. Social Indicators Research, 1993 (1).

[48] Huebner, E. S. Preliminary development and validation of a multidimensional life satisfaction scale for children [J]. Psychological Assessment, 1994 (2).

[49] Huebner, E. S. Initial development of the Students' Life Satisfaction Scale [J]. School Psychology International, 1996 (3).

[50] Huebner, E. S., & Dew, T. The interrelationships of positive affect, negative affect, and life satisfaction in an adolescent sample [J]. Social Indictors Research, 1996 (2).

[51] Huebner, E. S., Drane, W., & Valois, R. F. Levels and demographic correlates of adolescent life satisfaction report [J]. School Psychology International, 2000 (3).

[52] Huebner, E. S. Research on assessment of life satisfaction of children and adolescents [J]. Social Indict-

ors Research, 2004 (1-2).

[53] Huebner, E. S., Suldo, S. M., Valois, R. F., & Drane, J. W. The Brief Multidimensional Students' Life Satisfaction Scale: Sex, race, and grade effects for applications with middle school students [J]. Applied Research in Quality of Life, 2006 (2).

[54] Ilardi, B. C., Leone, D., Kasser, T., & Ryan, R. M. Employee and supervisor ratings of motivation: Main effects and discrepancies associated with job satisfaction and adjustment in a factory setting [J]. Journal of Applied Social Psychology, 1993 (21).

[55] Jackson, S.A., & Marsh, H.W. Development and validation of a scale to measure optimal experience: The flow state scale [J]. Journal of Sport & Exercise Psychology, 1996 (1).

[56] Kern, M. L., Waters, L. E., Adler, A., & White, M. A. A multidimensional approach to measuring well-being in students: Application of the PERMA [J]. The Journal of Positive Psychology, 2015 (3).

[57] Kernis, M. H. Substitute needs and the distinc-

tion between fragile and secure high self-esteem [J]. Psychological Inquiry, 2000 (4).

[58] Kerpelman, J. L., Eryigit, S., & Stephens, C. J. African American adolescents' future education orientation: Associations with self-efficacy, ethnic identity, and perceived parental support [J]. Journal of Youth and Adolescence, 2008 (8).

[59] King, L. A., Hicks, J. A., Krull, J. L., & Del Gaiso, A. K. Positive affect and the experience of meaning in life [J]. Journal of personality and social psychology, 2006 (1).

[60] Kirkcaldy, B., Furnham, A., & Siefen, G. The relationship between health efficacy, educational attainment, and well-being among 30 nations [J]. European Psychologist, 2004 (2).

[61] Kozma, A., & Stones, M. J. The measurement of happiness: Development of the Memorial University of Newfoundland Scale of Happiness (MUNSH) [J]. Journal of Gerontology, 1980 (6).

[62] Lanz, M., & Scabini, R. Adolescents' and

young adults' construction of the future: Effects of family relations, self-esteem, and sense of coherence. In: J. Trempala & L. E. Malmberg (Eds.). Adolescents' future orientation: Theory and Research [M]. Frankfurt am Main: Peter Lang, 2002.

[63] Laurent, J., Cantanzaro, S. J., Rudolph. K. D., Joiner Jr., T. E., Potter, K. I., Lambert. S., Osborne, L., & Gathright, T. A measure of positive and negative affect for children: Scale development and preliminary validation [J]. Psychological Assessment, 1999 (3).

[64] Leversen, I., Danielsen, A. G., Birkeland, M. S., & Samdal, O. Basic psychological need satisfaction in leisure activities and adolescents' life satisfaction [J]. Journal of Youth and Adolescence, 2012 (12).

[65] Lewis, A. D., Huebner, E. S., Reschley, A., & Valois, R. F. The incremental validity of positive emotions in predicting school functioning [J]. Journal of Psychoeducational Assessment, 2009 (5).

[66] Lewis, A. D., Huebner, E. S., Malone, P.

S., & Valois, R. F. Life satisfaction and student engagement in adolescents [J]. Journal of Youth and Adolescence, 2011 (3).

[67] Lounsbury, J. W., Sundstrom, E., Loveland, J. L., & Gibson. L. W. Broad versus narrow personality trait in predicting academic performance of adolescents [J]. Learning and Individual Differences, 2002 (1).

[68] Magaletta, P.R., & Oliver, J.M. The hope construct, will, and ways: Their relations with self-efficacy, optimism, and general well-being [J]. Journal of Clinical Psychology, 1999 (5).

[69] Marshall, G. N., Wortman, C. B., Kusulas, J. W., Jeffrey, W., Hervig, L. K., Vickers, Jr., & Ross, R. Distinguishing optimism and pessimism: Relations to fundamental dimensions of mood and personality [J]. Journal of Personality and Social Psychology, 1992 (6).

[70] McCullough, G. & Huebner, E. S. Life satisfaction reports of adolescents with learning disabilities and normally achieving adolescents [J]. Journal of Psycho-

educational Assessment, 2003 (4).

[71] Mello, Z. R., Finan, L. J., & Worrell, F. C. Introducing an instrument to assess time orientation and time relation in adolescents [J]. Journal of Adolescence, 2013 (3).

[72] Neto, F. The Satisfaction with Life Scale: Psychometrics properties in an adolescent sample [J]. Journal of Youth and Adolescence, 1993 (2).

[73] Niemiec, C. P., Lynch, M. F., Vansteenkiste, M., Bernstein, J., Deci, E. L., & Ryan, R. M. The antecedents and consequences of autonomous self-regulation for college: A self-determination theory perspective on socialization [J]. Journal of Adolescence, 2006 (5).

[74] Nurmi, J. -E. Age, sex, social class, and quality of family interaction as determinants of adolescents' future orientation: a developmental task interpretation [J]. Adolescence, 1987 (88).

[75] Nurmi, J. -E., Seginer, R., & Poole, M. Future-Orientation Questionnaire [M]. Department of Psy-

chology, University of Helsinki, 1990.

[76] Nurmi, J. -E. How do adolescents see their future? A review of the development of future orientation and planning [J]. Developmental Review, 1991 (1).

[77] Nuttin, J. R. The future time perspective in human motivation and learning [J]. Acta Psychologica, 1964 (C).

[78] Padilla- Walker, L. M., Hardy, S. A., & Christensen, K. J. Adolescent hope as a mediator between parent-child connectedness and adolescent outcomes [J]. Journal of Early Adolescence, 2011 (6).

[79] Park, N. Life satisfaction among children and adolescents: Cross-cultural and cross-developmental comparisons [M]. Unpublished doctoral dissertation, University of South Carolina, 2000.

[80] Patrick, H., Knee, C. R., Canevello, A., & Lonsbary, C. The role of need fulfillment in relationship functioning and well- being: A self- determination theory perspective [J]. Journal of Personality and Social Psychology, 2007 (3).

[81] Pavot, W., Diener, E., & Suh, E. The temporal satisfaction with life scale [J]. Journal of Personality Assessment, 1998 (2).

[82] Petrocelli, J. V. Factor validation of the consideration of future consequences scale: Evidence for a short verson [J]. The Journal of Social Psychology, 2003 (4).

[83] Proctor, C. L., Linley, P. A., & Maltby, J. Youth life satisfaction: A review of the literature [J]. Journal of Happiness Studies, 2009 (5).

[84] Reis, H. T., Sheldon, K. M., Gable, S. L., Roscoe, J., & Ryan, R. M. Daily well-being: The role of autonomy, competence, and relatedness [J]. Personality and Social Psychology Bulletin, 2000 (4).

[85] Reschly, A., Huebner, E. S., Appleton, J. J., & Antaramian, S. Engagement as flourishing: The contribution of positive emotions and coping to adolescents' engagement at school and with learning [J]. Psychology in the Schools, 2008 (5).

[86] Ryan, R. M., & Deci, E. L. Self-determina-

tion theory and the facilitation of intrinsic motivation, social development, and well-being [J]. American Psychologist, 2000 (1).

[87] Ryff, C.D. Happiness is everything, or is it? Explorations on the meaning of psychological well-being [J]. Journal of Personality and Social Psychology, 1989 (6).

[88] Ryff, C. D., & Keyes, C.L.M. The structure of psychological well-being revisited [J]. Journal of Personality and Social Psychology, 1995 (4).

[89] Scheier, M. F., & Carver, C. S. Optimism, coping, and health: assessment and implications of generalized outcome expectancies [J]. Health Psychology, 1985 (3).

[90] Schmid, K. L. Energizing behavior in the direction of future goals: The role of adolescents' hopeful futures in achieving positive developmental outcomes [M]. Unpublished master's thesis, University of Tufts, 2010.

[91] Schmid, K. L., Phelps, E., & Lerner, R. M. Constructing positive futures: Modeling the relationship be-

tween adolescent' hopeful future expectations and intentional self regulation in predicting positive youth development [J]. Journal of Adolescence, 2011 (6).

[92] Schmid, K. L., Phelps, E., Kiely, M. K., Napolitano, C. M., Boyd, M. J., & Lerner, R. M. The role of adolescents' hopeful future in predicting positive and negative developmental trajectories: Finding from the 4-H study of positive youth development [J]. Journal of Positive Psychology, 2011 (1).

[93] Schweizer, K., & Schneider, R. Social optimism as generalized expectancy of a positive outcome [J]. Personality and Individual Difference, 1997 (3).

[94] Schweizer, K., & Koch, W. The assessment of components of optimism by POSO-E [J]. Personality and Individual Differences, 2001 (4).

[95] Seginer, R. Defensive Pessimism and Optimism Correlates of Adolescent Future Orientation: A Domain- Specific Analysis [J]. Journal of Adolescent Research, 2000 (15).

[96] Seiffge-Krenke, I., Kiuru, N., & Nurmi, J. -

E. Adolescents as "producers of their own development": Correlates and consequences importance and attainment of developmental tasks [J]. European Journal of Developmental Psychology, 2010 (4).

[97] Seligson, J. L., Huebner, E. S., & Valois, R. F. Preliminary validation of The Brief Multidimensional Students' Life Satisfaction Scale (BMSLSS) [J]. Social Indicators Research, 2003 (2).

[98] Sheldon, K. M., Ryan, R. M., & Reis, H. T. What makes for a good day? Competence and Autonomy in the day and in the person [J]. Society for Personality and Social Psychology, 1996 (12).

[99] Sheldon, K. M., & Elliot, A. J. Goal striving, need satisfaction, and longitudinal well-being: The self-concordance model [J]. Journal of Personality and Social Psychology, 1999 (3).

[100] Sheldon, K. M., & Bettencourt, B. Psychological need-satisfaction and subjective well-being within social groups [J]. British Journal of Social Psychology, 2002 (1).

[101] Şimşek, Ö. F., & Demir, M. Parental support for basic psychological needs and happiness: The importance of sense of uniqueness [J]. Social Indicators Research, 2013 (3).

[102] Snyder, C. R., Harris, C., Anderson, J. R., Holleran, S. A., Irving, L. M., Sigmon, S. T., Yoshinobu, L., Gibb, J., Langelle, C., & Harney, P. The will and the ways: Development and validation of an individual-differences measure of hope [J]. Journal of Personality and Social Psychology, 1991 (4).

[103] Snyder, C. R., Sympson, S. C., Ybasco, F. C., Borders, T. F., Babyak, M. A., & Higgins, R. L. Development and validation of the State Hope Scale [J]. Journal of Personality and Social Psychology, 1996 (2).

[104] Snyder, C. R., Hoza, B., Pelham, W. E., Rapoff, M., Ware, L., Danovsky, M., Highberger, L., Rubinsteim, H., & Stahl, K. J. The development and validation of the Children's Hope Scale [J]. Journal of Pediatric Psychology, 1997 (3).

[105] Snyder, C. R., Shorey, H. S., Cheavens,

J., Pulvers, K. M., Adams Ⅲ, V. H., Wiklund, C. Hope and academic success in college [J]. Journal of Educational Psychology, 2002 (4).

[106] Steinberg, L., Albert, D., Banich, M., Cauffman, E., Graham, S., & Woolard, J. Age differences in sensation seeking and impulsivity as indexed by behavior and self-report: Evidence for a dual system model [J]. Development Psychology, 2008 (6).

[107] Strathman, A., Gleicher, F., Boninger, D. S., & Edwards, S. The consideration of future consequences: Weighing immediate and distant outcomes of behavior [J]. Journal of Personality and Social Psychology, 1994 (4).

[108] Suldo, S. M., & Huebner, E. S. The role of life satisfaction in the relationship between authoritative parenting dimensions and adolescent problem behavior [J]. Social Indicators Research, 2004 (1-2).

[109] Suldo, S., Thalji, A., & Ferron, J. Longitudinal academic outcomes predicted by early adolescents' subjective well- being, psychopathology, and mental

health status yielded from a dual factor model [J]. The Journal of Positive Psychology, 2011 (1).

[110] Tian, L., Chen, H., & Huebner, E. S. The longitudinal relationships between basic psychological needs satisfaction at school and school-related subjective well-being in adolescents [J]. Social Indicators Research, 2014 (1).

[111] Trommsdorff, G. Future Orientation and Socialization [J]. International Journal of Psychology, 1983 (1-4).

[112] Valle, M. F., Huebner, E. S., & Suldo, S. M. An analysis of hope as a psychological strength [J]. Journal of School Psychology, 2006 (5).

[113] Vansteenkiste, M., Neyrinck, B., Niemiec, C. P., Soenens, B., De Witte, H., & Van den Broeck, A. On the relations among work value orientations, psychological need satisfaction and job outcomes: A self-determination theory approach [J]. Journal of Occupational and Organizational Psychology, 2007 (2).

[114] Véronneau, M. H., Koestner, R. F., & Abe-

la, J. R. Z. Intrinsic need satisfaction and well-being in children and adolescents: An application of the self-determination theory [J]. Journal of Social and Clinical Psychology, 2005 (2).

[115] Watson, D., & Clark, L. A. Development and validation of brief measures of positive and negative affect: the PANAS scales [J]. Journal of Personality and Social Psychology, 1988 (6).

[116] Wenglert, L., & Rosén, A. -S. Measuring optimism-pessimism from beliefs about future events [J]. Personality and Individual Differences, 2000 (4).

[117] Worrell, F. C., & Mello, Z. R. The reliability and validity of Zimbardo Time Perspective inventory scores in academically talented adolescents [J]. Educational and Psychological Measurement, 2007 (3).

[118] Yowell, C. M. Possible selves and future orientation: Exploring hopes and fears of latino boys and girls [J]. Journal of Early Adolescence, 2000 (3).

[119] Yowell, C. M. Dreams of the future: The pursuit of education and career possible selves among ninth

grade latino youth [J]. Applied Developmental Science, 2002 (2).

[120] Zimbardo, P. G., & Boyd, J. N. Putting time in perspective: A valid, reliable individual-differences metric [J]. Journal of Personality and Social Psychology, 1999 (6).

[121] [美] Ben-Shahar, T. 幸福的方法 [M]. 汪冰，刘骏杰，倪子君，译. 北京：中信出版社，2013.

[122] [美] Csikszentmihalyi, M. 当下的幸福：我们并非不快乐 [M]. 张定绮，译. 北京：中信出版社，2011.

[123] [美] Seligman, M. E. P. 持续的幸福 [M]. 赵昱鲲，译. 杭州：浙江人民出版社，2012.

[124] 敖玲敏，吕厚超，黄希庭. 社会情绪选择理论概述 [J]. 心理科学进展，2011 (1).

[125] 陈灿锐，申荷永，李淅琮. 成人素质希望量表的信效度检验 [J]. 中国临床心理学杂志，2011 (1).

[126] 程灶火，高北陵，彭健. 少儿主观生活质量问卷的编制和信效度分析 [J]. 中国临床心理学杂志，1998 (1).

[127] 戴巧云. 青少年友谊与主观幸福感的相关性研

究［D］. 华东师范大学，2005.

［128］李清华. 高中生基本心理需要的满足与幸福感的关系［D］. 河北大学，2009.

［129］刘俊升，林丽玲，吕媛等. 基本心理需求量表中文版的信、效度初步检验［J］. 中国心理卫生杂志，2013（10）.

［130］刘霞，黄希庭，高芬芬. 青少年未来取向的理论构想［J］. 西南大学学报（社会科学版），2011（2）.

［131］刘晓燕，陈国鹏. 社会情绪选择理论的发展回顾［J］. 华东师范大学学报（教育科学版），2011（1）.

［132］沈莉，向艳辉，沃建中. 高中生主观幸福感与自我控制、人际交往及心理健康关系［J］. 中国临床心理学杂志，2010（7）.

［133］谭千保，曾苗. 548名中学生的班级环境和生活满意度［J］. 中国心理卫生杂志，2007（8）.

［134］田丽丽，刘旺，Gilma，R. 国外青少年生活满意度研究概况［J］. 中国心理卫生杂志，2003（12）.

［135］王钢，张大均，梁丽. 中学生主观幸福感的发展特点及其与学业自我的关系［J］. 中国特殊教育，2008（11）.

［136］王鑫强，张大均．生活满意度的发展趋势及心理韧性的影响：2年追踪研究［J］．心理发展与教育，2012（1）．

［137］温忠麟，侯杰泰，张雷．调节效应与中介效应的比较和应用［J］．心理学报，2005（2）．

［138］许淑莲，吴志平，吴振云等．成年人心理幸福感的年龄差异研究［J］．中国心理卫生杂志，2003（3）．

［139］袁庆华，胡炬波，王裕豪．中文版沉浸体验量表（FSS）在中国大学生中的试用［J］．中国临床心理学杂志，2009（5）．

［140］张婵．青少年积极品质的成分、测量及其作用［D］．东北师范大学，2013．

［141］张冲，Wonking，M．中小学生希望量表编制研究［J］．中国特殊教育，2011（4）．

［142］张玲玲，张文新，纪林芹等．青少年未来取向问卷中文版的测量学分析［J］．心理发展与教育，2006（1）．

［143］张兴贵，何立国，郑雪．青少年学生生活满意度的结构和量表编制［J］．心理科学，2004（5）．

［144］钟媛，杨俊龙，夏小燕．少数民族中学生生活满意度的跨文化研究［J］．民族教育研究，2007（3）．

附　录

附录1　青少年幸福感问卷

学号：____________　姓名：____________

性别：________　________年________班

同学你好！

我们希望了解你的生活状况，请参照你对自己生活状况的总体看法和感受，在各个题目中符合自己的选项上画"√"。

题号	题　目	不符合	不太符合	不确定	比较符合	符合
1	我有很多朋友					
2	从学习中我收获了很多乐趣					
3	感到神清气爽					
4	我将来会拥有美满的婚姻					
5	感到未来是灰暗的					
6	学校里有很多好玩儿的事					
7	未来会一事无成					
8	我喜欢自己					
9	最近遇到的一些事让我感到苦恼					
10	我将来能买得起需要的东西					
11	对未来有美好的憧憬					
12	父母能理解我的情绪和感受					
13	想到未来会感到害怕					
14	我对自己家庭的经济条件感到满意					
15	感到充满了力量					
16	我将来能住在自己满意的城市					
17	觉得做什么都没意思					
18	我的课余时间过得很充实					
19	在我有困难的时候，有些朋友会主动帮助我					
20	感到快乐					
21	我将来能拥有令我感到温暖的朋友圈					

续表

题号	题　目	不符合	不太符合	不确定	比较符合	符合
22	不愿意去想未来					
23	我在课堂上感到充实					
24	在其他学校的同学面前,我为自己学校感到自豪					
25	感到坐立不安					
26	我将来会拥有精彩的生活					
27	心中的梦想令自己振奋					
28	我能胜任很多事情					
29	父母尊重我的选择					
30	感到心烦意乱					
31	我将来会从事自己喜欢的工作					
32	能感受到现在的努力对未来目标的意义					
33	我对可供支配的零花钱数额满意					
34	感到憎恨					
35	我对放学后自己的时间安排感到满意					
36	在学习中感到兴奋					
37	我将来能为社会做出贡献					
38	关于未来已有初步打算					
39	同学们喜欢我					
40	我能够适应目前的课程难度					
41	感到内疚					

续表

题号	题　目	不符合	不太符合	不确定	比较符合	符合
42	我将来能拥有不错的收入					
43	一想到未来的美好目标时感到劲头十足					
44	我能感受到老师的欣赏					
45	期盼未来					
46	我对自己的相貌感到满意					
47	觉得不安全					
48	我将来会拥有健康的身体					
49	对未来的前途感到乐观					
50	当我做错事时父母会问清原因再教育我					
51	愿意参与学校或班级的活动					
52	我有一些令自己满意的鞋子					
53	感到紧张					
54	我将来能考上令自己满意的大学					
55	一想到未来感到充满希望					
56	我对自己假期的丰富活动感到满意					
57	我经常在生活中发现感兴趣的事					
58	对未来感到迷茫					
59	学习时全神贯注					

青少年幸福感量表中各维度的题目

1. 当下生活满意度

学业满意度：2. 23. 40.

学校满意度：6. 24. 44.

自我满意度：8. 28. 46.

友谊满意度：1. 19. 39.

家庭满意度：12. 29. 50.

物质满意度：14. 33. 52.

闲暇满意度：18. 35. 56.

2. 当下情感体验

积极情感：3. 15. 20. 36. 51. 57. 59.

消极情感：9. 25. 30. 34. 41. 47. 53.

3. 未来期望满意度：4. 10. 16. 21. 26. 31. 37. 42. 48. 54.

4. 未来情感体验：

积极情感：11. 27. 32. 38. 43. 45. 49. 55.

消极情感：5. 7. 13. 17. 22. 58.

附录2　心理幸福感量表（Ryff，1989）

同学你好！

我们正在进行一项有关中学生特点的调查，如实回答下面的问题对我们有很大的帮助。你提供的所有信息我们会严格保密。回答无好坏、对错之分，请按照你的真实情况作答。

下面描述的语句中，多大程度符合你的实际情况？请在相应的选项上画“√”。

题号	题　目	不符合	不太符合	不确定	比较符合	符合
1	当我想到我过去所做的事情和将来希望做的事情时，我都感觉良好					
2	总的来说，随着时间的流逝，我不断地加深对自己的认识					
3	对我来说，与人保持亲密的关系很困难，而且令我感到沮丧					
4	我不太清楚自己的人生目标是什么					
5	获得新经验很重要，这些经验可以挑战我们对自己和世界的既定看法					

续表

题号	题　目	不符合	不太符合	不确定	比较符合	符合
6	我常常感到寂寞，因为很少亲密好友能与我分忧					
7	我喜欢为将来定下计划并努力去实践					
8	随着时间的流逝，这些经历使我成为一个更加坚强、更有能力的人					
9	我很少与别人有彼此关怀、互相信任的关系					
10	对我来说，生活是一个不断学习、变化和成长的过程					
11	我能积极主动地完成自己制定的计划					
12	我和我的朋友都认为我们之间是可以互相信任的					
13	我很高兴看到自己的思想有所改变并逐渐成熟					

附录3　家庭环境中青少年基本心理需要满足量表

同学你好：

下面的句子描述了你与父母的互动方式，请分别判断这些描述在多大程度上符合你与父母相处的实际情况，在相应的选项上画“√”。

如果父母中的一方经常不在家，可以只在其中一侧作答。

妈妈				题目	爸爸			
很不符合	不太符合	有点符合	非常符合		很不符合	不太符合	有点符合	非常符合
①	②	③	④	1. 我们有些共同的兴趣爱好	①	②	③	④
①	②	③	④	2. 当我们意见不一致时，他/她会耐心解释	①	②	③	④
①	②	③	④	3. 他/她善于及时发现我的进步	①	②	③	④
①	②	③	④	4. 我和他/她在一起特别高兴	①	②	③	④
①	②	③	④	5. 为我选择课外班时会尊重我的意见	①	②	③	④

续表

妈妈				题目	爸爸			
很不符合	不太符合	有点符合	非常符合		很不符合	不太符合	有点符合	非常符合
①	②	③	④	6. 即使我只取得了一点小成绩，他/她也很欣慰	①	②	③	④
①	②	③	④	7. 我们之间很少交流	①	②	③	④
①	②	③	④	8. 他/她经常替我做决定	①	②	③	④
①	②	③	④	9. 他/她相信我能完成新的挑战	①	②	③	④
①	②	③	④	10. 我愿意和他/她聊天	①	②	③	④
①	②	③	④	11. 我的事情让我自己拿主意	①	②	③	④
①	②	③	④	12. 他/她总是唠叨我身上的毛病	①	②	③	④
①	②	③	④	13. 他/她忙得没有时间关注我的事情	①	②	③	④
①	②	③	④	14. 他/她不太干涉我对课外时间的安排	①	②	③	④
①	②	③	④	15. 如果我考试失利，他/她会耐心地鼓励我	①	②	③	④
①	②	③	④	16. 我能感受到他/她对我深沉的爱	①	②	③	④
①	②	③	④	17. 他/她经常用命令的口气和我说话	①	②	③	④
①	②	③	④	18. 如果考试取得了好成绩，他/她会给予肯定	①	②	③	④
①	②	③	④	19. 我们在一起有很多快乐的时光	①	②	③	④
①	②	③	④	20. 即使很重要的事情，他/她也鼓励我自己决定	①	②	③	④

续表

妈妈				题目	爸爸			
很不符合	不太符合	有点符合	非常符合		很不符合	不太符合	有点符合	非常符合
①	②	③	④	21. 他/她很少表扬我	①	②	③	④
①	②	③	④	22. 他/她能猜出我的心事	①	②	③	④
①	②	③	④	23. 即使他/她不太赞成，最终也会尊重我的选择	①	②	③	④
①	②	③	④	24. 他/她经常拿我和优秀的同学比较	①	②	③	④
①	②	③	④	25. 我们每周平均有一半以上的时间共进晚餐	①	②	③	④
①	②	③	④	26. 他/她提出的很多要求让我感到不情愿	①	②	③	④
①	②	③	④	27. 我是他/她眼中的骄傲	①	②	③	④
①	②	③	④	28. 他/她不太了解我	①	②	③	④
①	②	③	④	29. 关于各种选择的后果，他/她能为我提出有价值的参考建议	①	②	③	④
①	②	③	④	30. 他/她对我的潜力有信心	①	②	③	④
①	②	③	④	31. 他/她协助我完成学校布置的一些事情	①	②	③	④
①	②	③	④	32. 他/她试图用自己的想法要求我	①	②	③	④
①	②	③	④	33. 在他/她眼里我一无是处	①	②	③	④
①	②	③	④	34. 和他/她在一起让我感到紧张	①	②	③	④
①	②	③	④	35. 当我陷入麻烦，他/她会倾听我的想法和感受	①	②	③	④

续表

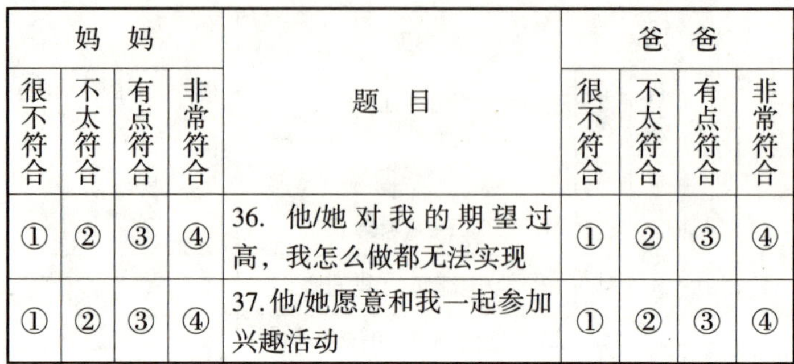

妈妈				题目	爸爸			
很不符合	不太符合	有点符合	非常符合		很不符合	不太符合	有点符合	非常符合
①	②	③	④	36. 他/她对我的期望过高，我怎么做都无法实现	①	②	③	④
①	②	③	④	37. 他/她愿意和我一起参加兴趣活动	①	②	③	④

家庭环境中青少年基本心理需要满足量表各维度题目

关联需要满足题目：1. 4. 7*. 10. 13*. 16. 19. 22. 25. 28*. 31. 34*. 37.

自主需要满足题目：2. 5. 8*. 11. 14. 17*. 20. 23. 26*. 29. 32*. 35.

胜任需要满足题目：3. 6. 9. 12*. 15. 18. 21*. 24*. 27. 30. 33*. 36*.

*代表反向计分题目

附录4　青少年学校投入问卷（张婵，2013）

同学你好！

我们想了解学生在学校的基本状况，请根据你的实际情况，在各个题目中符合自己的选项上画“√”。

如实回答会对我们有很大帮助，你提供的所有信息我们将严格保密。

题号	题　目	不符合	不太符合	不确定	比较符合	符合
1	我会检查家庭作业的对错					
2	如果阅读中遇到难以理解之处，我会反复阅读不懂的地方					
3	我逃过学					
4	我在学校能够取得好成绩					
5	如果在阅读时遇到不懂的地方，我会想办法弄懂，问别人或查字典					
6	课堂上我感到无聊					
7	……					